村上和雄

生命《いのち》のバカ力《ぢから》

人の遺伝子は97％眠っている

講談社+α《プラスアルファ》新書

はじめに――人間は想像を超える大きな仕事ができる

二〇〇二年十月上旬に小柴昌俊《こしばまさとし》さんがノーベル物理学賞、続いて田中耕一《たなかこういち》さんがノーベル化学賞を受賞されたというニュースが流れ、この快挙に日本中が久しぶりにわきました。暗いニュースの多い中、胸のすくようなすばらしいニュースでした。

科学の成果は、一般の人々にはなじみが薄いかもしれませんが、その成果が生まれるプロセスは興味が尽きないものです。田中さんの場合は、実験の途中で間違った溶液を混ぜてしまったが捨てるのも惜《お》しい、と思ったところから画期《かっき》的《てき》な業績が生まれました。二〇〇〇年にノーベル化学賞を受賞した白川英樹《しらかわひでき》さんも、同じような体験をもっておられました。

もちろん、間違いだけからはすばらしい業績は生まれません。しかし、失敗などにより常識を破るような現象があらわれたときが、科学者の勝負のときです。このとき、その現象をどう解釈し、それを飛躍《ひやく》に結びつけるかの感性や直感が科学者にも必要とされます。

一般的に科学は、客観的、論理的な世界と考えられています。これは、コインにたとえれば表側だけで、その裏に創造豊かな主観的な世界、みずみずしい感性や直感、さらには、霊《れい》感《かん》としか表現できない世界が存在します。この世界を「ナイト・サイエンス」（夜の科学）と呼んでいます。

とくに、大発見の芽は、ほとんどナイト・サイエンスからです。大きな発見は、単にいままでの論理の積み重ねだけでは生まれません。そこに、大きな飛躍を必要とします。この飛躍には、感性や直感が不可欠です。

ふつう科学者は、ナイト・サイエンスについては語りません。私たちが講義をしたり、専門の学会で発表するのは昼の科学（デイ・サイエンス）についてであり、それは客観や論理の世界です。これはいわば、できあがった結果です。しかし、ナイト・サイエンスは、この仕上げられた結果にいたるまでのプロセスに深く関係します。

プロセスですから、必ずしも理屈どおりには進みません。間違いがあったり、不思議な出会いや、天の味方としか言えない、予想外の幸運に恵まれ、歓喜する瞬間が、私の経験でもあります。この経験を本書では率直《そっちょく》に語っています。

人間は論理や理屈だけでは本当には動きません。「感動」という言葉はありますが、「知動」という言葉はありません。感じたから動くのです。

科学者・技術者は、世間的にはあまり恵まれていません。しかし、日夜、研究に従事できるのは、研究がおもしろいという面もありますが、そのプロセスで、感動や予想もしない驚きがあるからです。その驚きから、常識を覆《くつがえ》す大発見が生まれることがあるのです。

私は生命科学の現場に四十年近くいますが、生命の本質は、人間の理性や知性だけでは、とうてい説明ができないと感じるようになりました。

万巻《まんがん》の書物に匹敵《ひってき》する膨大《ぼうだい》な遺伝情報を、極微《ごくび》の空間に書きこみ、しかも、それを正確に一刻《いっこく》の休みもなくはたらかしている主体は、人間の理性や知性をはるかに超える「サムシング・グレート」のはたらきとしか表現できません。

このサムシング・グレートと感性は深いところでつながっているように思います。そして、このサムシング・グレートが大切なヒントを、ひそかに囁《ささや》くことがあります。この囁きをキャッチするとき、人間は想像を超える大きな仕事ができ、生命《いのち》がバカ力《ぢから》を発揮するのではないかと私は考えています。

二〇〇三年四月、ヒトゲノムの解読完了宣言がなされました。しかし、これはまだ暗号が解読されただけで、遺伝子のはたらきについての本格的研究は、これからはじまろうとしています。その中で私がもっとも注目しているのは、遺伝子のON《オン》とOFF《オフ》の仕組みです。

本書に書いたように、私たちの遺伝情報はほとんど眠っているのです。そうすると、眠っているよい遺伝子をONにして、起きている悪い遺伝子をOFFにすることができれば、私たちの可能性は飛躍的に発展するのです。このことが科学の言葉で語られつつあるというエキサイティングな時代がはじまろうとしています。

これらのことを、私の「ナイト・サイエンス」とまじえながら、一般の人にわかっていただきたいと思って書いたのが本書です。そして、糖尿病《とうにょうびょう》の人の食後血糖値《けっとうち》の上昇が「笑い」により著《いちじる》しく抑《おさ》えられるという、世界初のデータと、それが生まれる経過についても語っています。本書をみなさまのこれからの生き方の参考にしていただければたいへんうれしく思います。

村上和雄《むらかみかずお》

◉目次

第二章　ＯＦＦの遺伝子がＯＮになるとき

第三章　「知らない」からできた！

第十章　「サムシング・グレート」の力！

第一章　全遺伝情報の三パーセントしか使っていない!?

遺伝子はONにもOFFにもなる

最近、私たちの研究グループが、次のような実験を試みました。

二十代前半の学生諸君に二ヵ月くらいにわたって運動や筋力トレーニングをしてもらい、その前後で遺伝子のはたらきがどう変わったかを見るという実験です。

遺伝子のはたらき？　と不審《ふしん》に思われる人もいるかと思いますが、これがDNAチップという最新鋭《さいしんえい》の技術によって、いまでは調べることができるのです。

超ミクロな遺伝子の構造についてはあとで述べますが、DNAチップとは、数センチ四方のガラス基板《きばん》の上に数百から数万の遺伝子を貼《は》りつけたものです。ある刺激を与えたときに、貼りつけた遺伝子のどれが反応したかを観察することによって解析《かいせき》を進めます。

いくつかのタイプのものが実用化されていますが、私たちはDNAチップに貼った遺伝子に蛍光試薬《けいこうしやく》を結合させ、刺激を与えたときの蛍光の色を見ることによって遺伝子の変化を測定しています。そして、どの条件で、どの遺伝子が、どの程度光ったかを測ることで、各遺伝子のはたらきや、そのはたらきの程度を定量化することができるのです。

この実験では、学生の筋肉組織から遺伝子を八千個くらいサンプリングし、DNAチップにそれを貼りつけて、変化を観察しました。

すると、運動やトレーニングのあとでは、少なくとも十個くらいの遺伝子のはたらきが活性化し、それと同じくらいの数の遺伝子の稼働率《かどうりつ》が低下したことが確かめられました。

つまり、外的な刺激などによって、私たちの遺伝子のはたらきは、ONになったりOFFになったりするということです。ちなみに、ONになったとは、ゼロが百になったということではなく、遺伝子の稼働率が数十パーセント程度アップしたという意味です。

この実験によって、なんらかの物理的刺激がDNAレベルにまで影響を与えていること、遺伝子のはたらきをONにさせたり、OFFにさせたりしていることが、はっきりと目に見えるかたちでわかったのです。

スポーツ選手などが特定のトレーニングに励《はげ》むと、確実に筋肉モリモリになっていきます。筋肉はほとんどタンパク質からできていますが、さまざまな方法で身体をきたえることで、筋肉タンパク質をつくる遺伝子のスイッチがONになるからなのです。

とくに筋肉生成《せいせい》にかかわるタンパク質（ミオシン）や骨の代謝《たいしゃ》成分の遺伝子がONになっていることがわかったのは、大きな成果だったと思います。こうした研究をさらに重ねていけば、どういう運動が体内にどんな化学反応を起こし、どの筋肉や骨をどんなふうに活性化していくかなどが遺伝子レベルで解明されて、人間の医学や健康におおいに役立っていくはずだからです。

それはともあれ、ここではまず、私たちのもっている遺伝子にはON・OFFの機能がそなわっているということを覚えておいてください。

休みなくはたらく生命のもと

「遺伝なんだから、どうしようもない」

こんなふうに、遺伝というと、なにか動かしがたいもの、運命的に決定づけられたもの、私たちの努力ではどうしようもない、抗《あらが》いがたいもの……そんなイメージを思い浮かべる人が少なくないようです。

遺伝とは姿・形、性質などが親から子に伝わっていくことを指し、古来、その伝わり方の仕組みは謎《なぞ》でした。謎ではあったけれど、人間は遺伝という現象が存在することは知っていて、「カエルの子はカエル」の諺《ことわざ》どおり、子は親に似るものと相場は決まっていました。どんなに強大な権力をもった人でも、この基本的な運命から逃《のが》れることはできないものと認識されてきました。

しかし、私たちが実際にもっている遺伝子は、そんなに硬直化したイメージのものではなく、いっときの休みもなく時々刻々《じじこっこく》と活動しているものであるということが、近年の遺伝子研究によって明らかになってきたのです。

私たちの身体が人間の形状をしているとか、造作《ぞうさく》や性質などが親に似ているとか、そうした継承的《けいしょうてき》な役割だけでなく、私たちが人間として日々の生活を送ることができるのも、じつは遺伝子のはたらきのおかげなのです。

もちろん、人間だけでなく、地球上の生物が生きていられるのは、それぞれの遺伝子が一刻の休みもなくはたらいてくれているからで、遺伝子が刻々と活動していることによって、生命は持続されている、つまり、遺伝子こそが生命のもととも言えるのです。遺伝子が動かなくなったら、一巻の終わり、生体は死んでしまいます。

私たちは遺伝子によって、人間としての過去の歴史を受け継いでいるだけでなく、現在を人間として生き、そして、未来にそれを伝えていく役割を担《にな》っているのです。

「火事場のバカ力《ぢから》」が出るのは

私たちがもっている遺伝子は、一分一秒の休みもなくはたらいているものの、いつも限度いっぱいの機能を使いきっているわけではありません。それどころか、常時使っているのは全遺伝情報のせいぜい三パーセント程度、どう多く見積もっても、一〇パーセントは超えない。残りの九〇～九七パーセントは、じつは、なにをしているのかよくわかっていないのです。

常時、同じはたらきを持続している遺伝子もあれば、なにかのきっかけで、それまで眠っていた遺伝子が目覚め、にわかに活動を開始したり、逆に活動していた遺伝子が休眠してしまったりすることもあります。

言い換えれば、私たちがもっている遺伝子は、けっして固定されたものではなく、条件しだいではたらきが変わる、変えられる余裕をもっているということです。

「火事場のバカ力《ぢから》」という言葉もあるように、人間は極限的な状況に遭遇《そうぐう》したときなど、ふだんでは考えられないような能力を発揮することがあります。これなどは、私たちの内部で眠っていた能力が目覚めた瞬間の非常にわかりやすい例でしょう。

そういう能力も私たちの遺伝子にもとから書きこまれていて、それが必要とされるときに発動するような仕組みになっているのです。

古くからそういう不思議な現象が起こることはわかっていましたが、その原理やメカニズムについては、長いあいだ謎でした。というより、あまり科学的に考えられてはきませんでした。

子が親に似る仕組みについてさえ、科学者はつい最近まで明快な答えを出せないのが実情でした。子は親に似るのが当然であって、その理由を問うこと自体、一般にはナンセンスなこととされていたのです。

ところが、最近の遺伝子研究のめざましい進歩によって、生命体の生命体たるゆえんは、まさに、この「子が親に似る」という現象の中にこそあるのだということがしだいにわかってきたのです。

ご存じのように、生命体は自己増殖《じこぞうしょく》を繰り返して成長し、やがて、その生命を次の世代に伝えていきます。個体として死んでも、その個体のもっていた生物学的情報は、生殖《せいしょく》行為を通じて次代へ伝わり、種としての生命は連綿《れんめん》として絶《た》えることがありません。

その絶えることのない生命の材料をつくりながら、さらにそのつくり方を、情報として次の世代に伝えていくのが遺伝子です。

したがって、遺伝の謎を解くことは、とりもなおさず、生命の謎と神秘に迫《せま》ることにつながっていきます。

遺伝の謎を解くためには、そのもととなる遺伝子そのものをつきつめて分析していかなければなりません。それが細胞の核の中にあるＤＮＡ（デオキシリボ核酸《かくさん》）と呼ばれる酸性物質であることが発見されたのは一八六〇年代の後半のことでしたから、ずいぶん以前のことです。

しかし、その後、約七十年間、ＤＮＡに注目する人はあまりいませんでした。分析・解明に必要なテクノロジーが発達していなかったことも理由の一つです。遺伝という複雑なはたらきが脚光《きゃっこう》をあびるのは、一九四〇年代に入ってからです。

以後、現在まで、ＤＮＡに関する研究は急展開をとげ、ＤＮＡが、人間はもとより、地球上のあらゆる生物がもっている遺伝子の本体であることが確認されて、やっと遺伝という生物の基本的な現象が化学の言葉で語られるようになったのです。

全生物が同じ遺伝子暗号を使う

私たちの身体は、小さな細胞の集合体です。人間だけでなく、単細胞の細菌類から植物、動物にいたるまで、細胞によって成り立っています。人間の場合、細胞の数は六十兆個。細胞一兆個でざっと一キログラムという計算になります。三キログラムで生まれた赤ちゃんでも、すでに三兆個の細胞をもっていることになります。

もとは、お父さんとお母さんから受け継いだたった一個の細胞（受精卵）だったものが、お母さんの胎内《たいない》にいる十月十日《とつきとおか》のあいだに細胞分裂を繰り返して、生まれるときには三兆個になっているというわけです。

細胞の構造については誰もが理科の授業で習ったはずですが、その一つ一つに核があり、核の中にある染色体《せんしょくたい》にＤＮＡという物質が収納されています。だから、六十兆個の細胞をもった人間なら、六十兆個のＤＮＡのコピーをもっていることになります。このＤＮＡこそが遺伝子の本体です。

DNAといっても、なにも特殊な物質でできているわけではありません。糖とリン酸というごくありふれた、構造的にも簡単な物質が交互《こうご》につながった二本の長い鎖《くさり》でできています。この二本の鎖が右巻きのらせん状になっていることから、「二重らせん構造」と言われます。

さらに拡大して見ると、並行する二本の鎖は縄《なわ》ばしごのような構造になっていて、はしごの足をかける部分に相当するところに、生物のすべての遺伝情報を伝える分子の文字がぎっしり詰まっているのです。

この二重らせんのはしごに書かれている分子の文字は、地球上のすべての生物に共通していて、A（アデニン）、T（チミン）、C（シトシン）、G（グアニン）という四つの塩基《えんき》によってあらわされています。塩基は化学的にはごくありふれた簡単な物質で、それに似た物質は自然界に多く存在しますが、その中でなぜこの四つが選ばれたのかは、いまのところ、誰にもわかりません。

それにしても、地球上に生物が発生して以来、三十億年余の歴史の中で、約一億の種が地球上にあらわれ、そのうち約九八パーセントは現在までに絶滅し、現存しているのは約二百万種類だけと言われています。学者や分類のしかたによって数はまちまちですが、そのすべての生物のDNAの構造が同じで、そこに書かれた設計図が、わずか四つの分子の文字からなっているというのは、驚異的《きょういてき》と言うほかありません。

私たちの身体を形成している六十兆個の細胞の中にあるDNAがみな同じ構造で、ほかの人とも同じなら、ほかの動物や植物とも同じ、たとえばカビ類や大腸菌などのような単細胞生物がもっているDNAも基本的に同じ構造なのです。

これは、地球上の全生物がみな同じ遺伝子暗号を使っているということです。

このことを利用して、大腸菌を使って糖尿病《とうにょうびょう》の薬であるヒトのインシュリンをつくることも可能になったのです。

全生物の使用している文字が同じということは、微生物をも含《ふく》めたすべての生物が同じ起源をもつことを示唆《しさ》しています。つまり、地球上のすべての生物は、もとはたった一つの生命体だったらしいということです。こうなると、「人類みな兄弟」どころではありません。遺伝子というもっとも根本的な部分を通じて、全生物はみなつながっているのです。

ヒトゲノムに三十億の情報

人間の場合、すべての遺伝子が核の中の四十六個の染色体中に、それぞれ折りたたまれて収納されています。人間の染色体には対《つい》をなす二十二種の常《じょう》染色体と、男女を決める二種類の性染色体があって、二十三個で一セット。これを一ゲノムと言い、一つの細胞中に二セットのゲノムをもっていることになります。

子どもは父親と母親から一セットずつを受け継ぎますが、一ゲノムのDNAをすべてつなぎあわせると、約一・八メートルの長さになります。

人間の細胞の一個の核の中にあるゲノムの重さは、一グラムの二千億分の一、その幅は一ミリメートルの五十万分の一という、私たちの日常感覚からすると超微小の世界です。

たとえば、針金を一ミリメートルの百分の一の細さにすると、フッと息を吹きかけただけでも切れてしまいますが、それでもDNAの五千倍の太さなのです。

一つのゲノムのもつ情報量は、約三十億のA、T、C、Gの組みあわせからなっており、これは一ページに千字ある千ページの本で約三千冊分に相当します。三十億の情報が書きこまれたDNAのテープが、人体中には約六十兆存在し、その六十兆のDNAは、みな同じ遺伝情報をもっているのです。

六十兆の細胞にはそれぞれにまったく同じ遺伝情報が組みこまれているから、人間のどこの細胞をとってきても、そこから一人の人間のクローンをつくりだすことのできる可能性があるということになります。

イギリスではじめて誕生したクローン羊のドリーは、生殖細胞ではなく、メスの乳腺《にゅうせん》細胞からつくられました。メスの身体にあったときにはお乳を出す組織としてしかはたらいていなかった、たった一つの乳腺細胞の核と、核を除去した別のメスの卵母細胞をジョイントさせることで、独立した一頭の羊がつくられたのです。

DNAになにが書かれているか

遺伝子の本体がDNAという化学物質であり、A、T、C、Gの四つの塩基の文字が長く連《つら》なったものであることがわかると、そこになにが書かれているかを知りたくなるのは当然です。そして、その謎の多くの部分が一九六〇年代に解明されました。

DNAは、じつは私たちの身体を構成するすべてのタンパク質をつくるための設計図だったのです。

タンパク質といえば、大切な栄養素であり、一般には、魚、肉、卵などの食べ物が連想されますが、私たちの骨や歯、目玉、血液も、ホルモンも、そのもっとも重要な成分はタンパク質です。私たちの身体を構成している主体は、水とタンパク質なのです。

タンパク質の構造は、よくネックレスにたとえられます。ネックレスの玉に相当するのが、アミノ酸という物質です。

地球上の生物の身体は何千、何万という種類のタンパク質からなっていますが、大腸菌のタンパク質も、植物のタンパク質も、動物のタンパク質も、例外なく、わずか二十種類のアミノ酸を材料につくられています。

わずか二十種類からつくられながら、性質に大きな違いが出てくるのは、玉の並び方が違うからです。

もっとも小さいタンパク質でも百個の玉が連なってできていますが、二十種類の玉を用いて、百個を並べるとすると、二十を百回かけあわせた、それこそ天文学的な数の並び方が考えられます。この無限とも言える可能性の中から、一つの意味のある玉の並び方が遺伝情報によって決められ、それぞれのタンパク質がつくられているのです。

いつ、どこに、どんなタンパク質を、どのくらいつくるかを指示しているのが遺伝子で、その指示によって、人間なら人間の身体が形成されているわけです。たとえば、「おまえは足になれ」「おまえは胃になれ」といった遺伝子の指示によって、足や胃になるタンパク質がつくられるのです。

微量ながら、身体の中で重要なはたらきをするホルモンや酵素《こうそ》もタンパク質ですが、酵素があるおかげで、糖や脂肪もつくられ、細胞がつくられていって、人間なら人間の身体になり、活動ができ、人間として生きていけるわけです。

したがって、遺伝子は身体のもっとも大切な素材であるタンパク質の設計図と言うことができます。

ダイナミックに変化する遺伝子

従来、遺伝子は生物の基本的な設計図であるから安定しており、突然変異などの特別な場合をのぞき、そう簡単に変わるものではないと考えられてきました。

ところが、最近の研究で、ある遺伝子はダイナミックに変化していることが明らかになってきました。

たとえば、生体はありとあらゆる異物に対して抗体《こうたい》をつくることができ、その抗体によって、外部から侵入《しんにゅう》してきた有害な異物をやっつけたり、体外に排除したりします。人間の場合、およそ百万種類もの抗体をつくることができると考えられています。

抗体も身体の組織の一つで、タンパク質からできていますが、では、生体はあらゆるケースをあらかじめ予想して、百万種もの抗体タンパク質の設計図を遺伝子に書きこんでいるのでしょうか。

これは大きな謎でしたが、最近の発達いちじるしい遺伝子工学の手法を用いることによって抗体遺伝子や周辺の暗号が解読された結果、このからくりが明らかになりました。

抗体の遺伝子をいくつにも分けて部品化しておき、それを自由に組みあわせては、そのときに必要な抗体をつくりだしていることがわかったのです。この方法なら、百万どころか、計算上では百億通りもの抗体をつくることが可能です。

そして、生体内では、私たちが知らないあいだにも、そのときそのときの必要に応じて遺伝子組み換えが自然に行われているのです。

新たな謎

遺伝子DNAの暗号（塩基配列）解読が進むにつれ、一方では新たな謎が深まってきました。

たとえば細菌のような、細胞に核のない生物では、DNAの暗号は端《はし》から端まですべて読み取られていますが、哺乳類《ほにゅうるい》のような高等動物ではとびとびにしか読み取ることができず、一見まったく意味のない部分、読み取り不可能な部分が多く見つかったのです。一つのタンパク質をつくる情報にしても、多くの部分に分断されていたりします。

二〇〇〇年六月にアメリカとイギリスが約三十億の化学の文字からなるヒトゲノムの解読をほぼ終了したと発表しました。しかし、ヒトゲノムが解読されたといっても、実際にわかったのは、四つの分子（塩基）の文字で書かれた三十億の文字がどんな順序で並んでいるかだけで、その意味するところが完全に解読されたわけではありません。

DNA上に書かれた三十億におよぶ文字列のうち、タンパク質をつくる指令を出している部分だけを指して遺伝子と呼んでいるにすぎないのです。

大腸菌の場合、もっている遺伝子暗号はフルに活動し、ときには一つの暗号を二重に読んでいる場合すらあります。ところが、人間の遺伝子は、はたらいていない部分、無駄としか思えない部分、読み取り不可能な部分のほうがはるかに多いのです。

先にもふれたように、人間の全遺伝情報のうち、タンパク質生成のために使用されている部分はせいぜい三パーセントくらいで、そのほかの九七パーセントは、眠っているのか、過去の遺物なのか、将来の可能性なのか、そのはたらきはいまのところまったくわかっていません。

そのため、この部分をジャンク（がらくた）などと称している学者もいますが、私はこの部分にもっと注目する必要があると考えています。

現段階では延々と続く記号の羅列《られつ》にすぎず、その文字列のどこからどこまでが意味のある情報なのかも正確にはわかってはいませんが、そこにこそ生命の神秘を解く暗号が書かれているかもしれないのです。

これほど遺伝子の研究が進んでも、遺伝現象にとってもっとも初歩的な疑問である「カエルの子はなぜカエルなのか」という基本的な謎も解けていないし、カエルならカエルという種を決定する遺伝子についても、まったくわかっていません。

ただ、一つの種の中で、一つの遺伝子がどのようにして自分と同じ遺伝子をコピーし、また、タンパク質をつくっていくかについては、基本的なところは解明されました。

二〇〇一年になって、人間のタンパク質をつくっている遺伝子の数が約三万二千個ほどであることもわかりました。

この約三万二千個という数字は、ほかの動物で言えば、ハエの倍、魚やネズミなどとほぼ同数です。高等な動物ほどたくさんの遺伝子をもっていそうで、従来は十万個ほどと予想されていましたが、実際は半分以下だったことも明らかになりました。このことは、少ない遺伝子数でも、部品化、連携《れんけい》、共生などによって、多様で複雑な仕事をこなしていることを裏づけます。

これらの遺伝子はじつにみごとな調和のもとではたらいています。ある遺伝子がはたらきだすと、ほかの遺伝子はそれを知って仕事の手を休めたり、作業ピッチを上げたりすることで、うまく全体のはたらきを調整しているのです。

こうした作業がいっときの休みもなく行われているから私たちは生きていられるわけですが、このみごとな調整が、遺伝子のレベルでどのような仕組みで行われているかについても、いまのところほとんどわかってはいません。

なぜ心臓の細胞は心臓に？

もう一つの謎は、六十兆個の細胞の中にある人間の遺伝子の情報はみな同じでありながら、なぜ心臓の細胞は心臓にしかならず、髪の毛の細胞は髪の毛にしかならないのかということです。

世の中には、心臓に毛がはえたような人はいますが、実際に心臓に毛がはえることはありません。

同じ遺伝子をもった細胞なのに、考えてみればとても不思議なことです。

私たちの身体は、もとはたった一個の受精卵です。父親と母親からワンセットずつのゲノムをもらって一対とし、両方の遺伝子を受け継ぐわけですが、この一つの細胞が倍々と分裂を繰り返し、多くの器官を、そして身体全体をつくっていきます。

もとは一つの細胞から出発したのに、増殖が進むと、途中で血球《けっきゅう》や臓器《ぞうき》など、まったく別の細胞に分化していきます。分化しても、細胞の核のDNAは同じです。それなのに、なぜまったく違う器官ができるのでしょうか。

詳《くわ》しいことはまだ解明されていませんが、細胞が分化すると、そこで不要になった大多数の遺伝子が休眠状態に入ってしまう、つまり、OFFの状態になるからだと考えられています。

先にもちょっとふれたクローン羊は、乳腺細胞の核からつくられたわけですが、メスの身体にあったときには、その中の遺伝子は主として乳腺の組織を形成するタンパク質をつくるための指示しかしていません。

乳腺にかぎらず、身体のどこの細胞をとってきても、その核のDNAには全情報が書かれています。けれども、すでに分化が進んだあとなので、ほかのはたらきはOFF状態になっています。これが、ある特殊な環境とか刺激のもとに置かれると、OFFになっていた遺伝子のスイッチが入って、たった一つだった最初の受精卵と同じはたらきをよみがえらせ、細胞分裂をはじめて、最終的に羊なら羊の身体をつくり、羊として生かしていくようになるわけです。

クローン技術はともかくとして、このように遺伝子にはON・OFFの仕組みがあり、ある種の刺激や環境によってスイッチが入ったり切れたりするという事実は、私たちに別の意味での光明《こうみょう》をもたらしてくれるような気がします。

そこを正しく理解することによって、私たちはより充実した人生を送ることができるようになるのではないか――そんな希望がふくらみます。

どうすればスイッチが入るか

繰り返しになりますが、私たちの身体の一つ一つの細胞の中の遺伝子は、人間一人をつくりだせるだけの潜在《せんざい》能力をもちながら、はたらいている遺伝子はごく一部にすぎず、あとの大部分は眠っています。

はたらいている遺伝子と眠っている遺伝子との違いは、ひとことで言えば、タンパク質をつくることができるか否《いな》かです。同じ遺伝子でも、眠った状態では、タンパク質をつくることができないということです。

そして、このタンパク質を「つくる・つくらない」が、遺伝子のスイッチの「ON・OFF」にほかなりません。

たとえば、電灯のスイッチが入れば明るくなって照明としての役割をはたします。スイッチが切れていれば、電灯としての機能をもっていても、照明としての役割ははたしません。これと同じで、遺伝子も、いくら設計図をもっていても、スイッチが入っていなければ、タンパク質をつくるはたらきはできないのです。

そうなると、どうすれば遺伝子のスイッチが入るかが知りたくなります。電灯なら、壁のスイッチを操作するなどすればONになりますが、遺伝子のスイッチをONにするにはどうしたらいいのでしょうか……。いま遺伝子におけるこのシステムの研究が急速に進められています。

はっきりしているのは、人間の思いや行動とはかかわりなく自律的《じりつてき》にON・OFFが行われている場合と、なんらかの刺激や環境の変化によってスイッチが入ったり切れたりする場合とがあるということです。

たとえば心臓を形成している細胞は、私たちが意識しなくても収縮《しゅうしゅく》・膨張《ぼうちょう》を繰り返して、全身に血液を送るはたらきをしています。心臓は、生まれてから死ぬまで、勝手にはたらいてくれます。つまり、心臓細胞の遺伝子は、自分の役割をはたすために自律的にONの状態にしているのです。

ところが、この心臓も、なにかに驚いたりすると、ドキドキと鼓動《こどう》が激しくなります。このことは、外部からの刺激によって、それまで眠っていた遺伝子がONになったことをあらわしています。つまり、心臓は自律的にはたらくけれども、外部からの刺激によってもはたらきが変化することがわかります。

人間は思春期になると性ホルモンが分泌《ぶんぴつ》されて、男はヒゲがはえたり、女は乳房がふくらむなど、それぞれに男らしく、女らしくなっていきますが、これは、それまでOFFだった性ホルモンの遺伝子がONになってはたらきだすからです。

身体の中には、一定の時間が経過するとスイッチが入るタイマー式の遺伝子があって、これらも心や気持ちのもち方とは関係なくはたらきはじめますが、環境や外部からの刺激などによって、早くなったり遅くなったりすることもあります。

「病は気から」はスイッチON

心のあり方とか気持ちのもち方と遺伝子のON・OFFとの関係については、いまのところ仮説の域を出ませんが、遺伝子のON・OFF機能については、かなり以前に確認された事実です。三十年ほど前になりますが、フランスのパスツール研究所でこんな実験が行われました。

大腸菌を培養《ばいよう》するさい、エサとしてブドウ糖を与えますが、たまに乳糖を一緒に与えても、ブドウ糖ばかりを選んで食べて、乳糖には見向きもしません。そこで、ブドウ糖をやめて、乳糖だけ与えるという実験をしてみたのです。

大腸菌はしばらく食事をやめていたけれど、やがて、乳糖を食べるようになり、それからは乳糖だけで増殖していくことができるようになりました。

そこでパスツール研究所の研究者が疑問に思ったのは、大腸菌の乳糖を消化する能力は、乳糖を与えるようになってからできたものかどうかということでしたが、いろいろと調べた結果、それは以前からもっていた能力であったことがわかったのです。

そういう能力をもっていたけれど、ブドウ糖を食べて増殖していたときには、その遺伝子がOFFの状態になっていたのです。ところが、ブドウ糖を与えてもらえなくなって、一種の飢餓《きが》状態におちいったとき、大腸菌の眠っていた遺伝子のスイッチがONになって、乳糖を消化する能力が発現したと考えれば、説明がつくでしょう。

ところで、遺伝子工学ではよく大腸菌が使われますが、この菌がもっとも単純な単細胞構造で、二十分に一回分裂するという増殖速度をもっており、外部から遺伝子を導入する宿主《しゅくしゅ》として、これほど便利なものはないからです。

大腸菌と聞くと、O－157などのイメージから、危険なもののように思われがちですが、私たちが実験に使用している大腸菌は、特殊な栄養剤がなければ生きていけないもので、完全に封鎖《ふうさ》された環境で実験していますし、万一、外に出たとしても、一時間以内に完全に死滅《しめつ》してしまいます。

私たちだって怖いですから、危険なものはあつかいません。危険なものだったら、まっ先にやられるのは私たちですから。

昨今《さっこん》のこの分野での進展ぶりにはめざましいものがあって、遺伝子研究の現場では、冒頭に紹介したDNAチップという新技術が導入され、実際に観察できるようになっただけでなく、以前とは比較にならないくらい解析速度も速くなっています。

いまやDNAチップは遺伝子研究に欠かせないキー・テクノロジーになりつつあります。手作業から機械生産に移行したときに大量生産が可能になったように、DNAチップによって遺伝子研究は加速度的に進展しはじめているのです。

「病《やまい》は気から」という言葉があります。気持ちのもちようで病気を予防したり、健康を損《そこ》ねたりするという意味ですが、これはけっして「気のせい」という意味ではなく、私はこのことにも遺伝子が関係していると考えています。

なんらかの方法で、休眠している免疫性《めんえきせい》を高めるための遺伝子のスイッチをONにすることができれば、病気を予防したり、病気にかかっても、そこから早く回復することができるわけです。

乳糖を食べて増殖するようになった大腸菌の例でもわかるように、外界からの物質や異物によって、一部の遺伝子がONになったり、OFFになったりすることは証明されています。たとえば、一日にたくさんのタバコをすう人のほうが、肺ガンになる確率は高くなります。

しかし、その一方で、喫煙《きつえん》しない人が肺ガンになったり、そうかと思うと、一日に百本もタバコをすいながら、いたって健康な人もいます。「余命数ヵ月」と宣告されながら、何年も生きつづけている人もいるし、いつのまにかガン細胞が消滅してしまったという例もあります。

ガンにかかった人でも、「絶対に治《なお》るんだ」と思っている人と、「もうダメだ」と思っている人とでは、ガン細胞の増殖速度に違いが出てきます。

遺伝子の中には、ガンを起こす遺伝子と、ガン化を抑制する遺伝子とがありますが、たとえガン遺伝子をもっていたとしても、それがOFFの状態になっていれば発病しません。また、たとえガンにかかっても、生きることに前向きな精神状態でいるときには、ガンを抑制する遺伝子のスイッチがONになって、その増殖を遅らせることができるでしょう。ときには、ガン遺伝子をOFFにしてしまって、ガン細胞を消滅させたりすることもあります。

心とか気持ちなど、精神活動の遺伝子に与える影響についての正確なメカニズムまでは解明されていませんが、そういうことを示す状況証拠、臨床《りんしょう》データは、かなり以前から多数報告されています。

心と強く反応する遺伝子がある⁉

人間は誰一人として同じ人はいません。みんな違った人間として生きています。

しかし、遺伝子のレベルで見るかぎり、人間の遺伝子暗号は誰のものでも九九・九パーセントが同じです。天才と言われている人とふつうの人の遺伝子暗号の差も、せいぜい千に一つくらい、さらに、遺伝子の意味がある部分だけで言えば、万に一つくらいの違いでしかなく、九九・九九パーセントは同じということです。

人間として生まれたことのすばらしさに比べれば、このくらいの誤差《ごさ》は許容範囲内といっていいでしょう。つまり、人間の能力は誰も似たようなもので、ほんのわずかな部分で個性が表現されているにすぎないのです。

言い換えれば、誰にだって天才になれる可能性があるということです。

ほんのちょっとの差でも、私たちの目には大きな違いとなって表面化するわけですが、こうした差が出てくるのは、私たちにとって都合のいい遺伝子をONにでき、都合の悪い遺伝子をOFFにできるかどうかの違いではないかと考えられます。

遺伝子のON・OFFが、ある程度、意識的にできるようになったら、私たちの人生にとって、新しい可能性が展開される大きなチャンスと言えるのではないでしょうか。

遺伝子研究が急速に進み、テレビや新聞でもクローン人間誕生の真偽《しんぎ》がさかんに取り沙汰《ざた》されていますが、これはコピーにすぎません。「人間を人工的につくりだす」なんて、思いあがりもはなはだしいし、いまのところ、どんなにすぐれた科学者でも、もっとも単純な構造の生命体である大腸菌一つ、人工的につくることができないのが実情です。

私たちの身体の中に存在する六十兆の細胞の中にある遺伝子には、人間一人をつくりだせるだけの潜在能力が秘《ひ》められています。しかし、実際にはたらいている遺伝子はごく一部にすぎず、あとの多くは眠っています。

心や気持ちのもち方で遺伝子のはたらきが違ってくるというのは、人間の遺伝子の多くの部分がOFFになっていることと関係があるのではないでしょうか。遺伝子のまだわかっていない九七パーセントの部分に、心と強く反応する遺伝子があるのではないでしょうか。そして、必要に応じてONになり、必要がなくなるとまたOFFになるというような活動をしているのではないでしょうか……。

多くの競技者が、試合でよい結果を出すための秘訣《ひけつ》として、不断の練習のほかに、集中力を高めるなど、異口同音《いくどうおん》に精神面での影響の大きさを口にしています。

コピーを繰り返すことより、私はむしろこちらのほうに興味をそそられます。

すでに人間の精神活動と遺伝子の関係についての研究が行われていますが、これからはこの部分がとても大きなウエートを占《し》めるようになると考えています。

第二章　ＯＦＦの遺伝子がＯＮになるとき

環境や経験の影響力

遺伝子のON・OFF機能をうまく活用するには、それなりの要因が必要です。

たとえば、末期ガンを宣告された人たちがモンブラン登頂《とうちょう》に挑戦したところ、免疫力《めんえきりょく》が上昇したという実例があります。また、ガン患者に落語を聴《き》かせ、おおいに笑ってもらったあとで免疫力を測定したら、向上していたという臨床《りんしょう》報告もあります。

女性が恋をすると肌が美しくなるというのも、わくわくした気分が遺伝子をONにして、肌を美しくするホルモンを分泌《ぶんぴつ》させるからだと考えられます。

心のもち方、つまり、心が好ましい状態に置かれると、眠っていた遺伝子が目覚めるきっかけになることは、ほぼ間違いないでしょう。

また、一般に悪いと言われているストレスも、必ずマイナスにばかり作用するとはかぎりません。深い悲しみを経験したことが、眠っていたいい遺伝子を目覚めさせる契機《けいき》になることもあります。

遺伝子ONの効果がもっともはっきりとあらわれるのは、思いきって環境を変えたときでしょう。

環境を変えると、身も心も新たな刺激を受け、それが意識の変化となって、遺伝子のON

・ＯＦＦにかかわってくるはずです。

人間の遺伝子の数が魚と同じくらい、ハエの倍にすぎないと聞いて、がっかりした人も少なくないでしょう。専門家のあいだでも、「なんだ、そんなものだったのか」と驚いている人もいたくらいですから。

私たちは、人間の思考や行動が魚やハエとは比べものにならないくらい複雑で高度なものだと思っています。両者のあいだには、たしかに先天的な差以上に大きな差があります。

そして、それには、人間の遺伝子が組みあわせを変えることで多様な役割をはたしているということのほかに、経験や環境によってＯＮにできる割合が大きいという要因もあるのではないでしょうか。

言い換えれば、人間は環境や経験しだいでいくらでも能力をのばすことができるし、飛躍《ひやく》したいと思うなら、自分から積極的に環境を変えていくことも必要だということです。

アインシュタインの幸運

かのアインシュタインは、子どものころは落ちこぼれだったと言います。高校も中退しています。親族の影響で小さいころから自然科学や数学に興味を抱いていたけれど、物理の先生から、「君には物理の才能がないからやめたほうがいい」とまで言われたようです。

でも、彼は頭が悪かったのではなく、当時の学校という環境が合わなかったのです。その後、スイスに移りますが、一度は大学受験にも失敗して、一年間、予備校生活を送っています。大学に入って物理と数学を専攻したけれど、とくに目立った学生ではなかったようで、卒業後は特許局の審査《しんさ》技師をしていました。一公務員ですが、わりとひまな職場だったのか、仕事の合間に独学で行った研究によって、彼は急に頭角《とうかく》をあらわすのです。

彼が研究者としてそのまま大学にとどまっていたら、権威主義に阻害《そがい》されて、その才能は開花しなかったかもしれません。自由に研究できる環境を得たことで、眠っていた遺伝子がONになり、光量子《こうりょうし》仮説、特殊相対性理論など、それまでの物理学の歴史を書き換えるような理論をたてつづけに発表して注目され、いわば民間の研究者でありながら、二十六歳にしてチューリッヒ大学から学位を取得しているのです。

私の中の眠れる遺伝子が目覚めた

アインシュタインと比べるべくもありませんが、私自身、研究者としての基礎は、アメリカ留学をきっかけにして身につけたと思っています。そのまま日本にいたら、おそらく研究者としてはダメだったでしょう。なにしろ、学生時代の私は授業にもあまり出席することなく、遊んでばかりいて、成績もよくありませんでしたから。

自分では研究者になろうと決めてはいましたが、周囲から期待されることもなく、教授になるのは至難《しなん》の業《わざ》だったでしょう。

そんな私が偶然にもアメリカに行く機会にめぐまれ、日本を脱出することになったのは、京都大学の大学院を出たばかりの一九六三年のことでした。いまでは海外留学はめずらしいことではなく、それこそ世界中どこの国に行っても日本人留学生を見かける時代になりましたが、当時はまだ海外渡航《とこう》が自由化されていません。東京オリンピックの前年で、日本は高度経済成長に向かって勇躍《ゆうやく》しつつあったとはいっても、一般国民の生活ぶりはまだそれほど豊かなものではなく、外国に行くというだけでもたいへんな出来事でした。

しかし、海外に渡ったからといって、私のもっている遺伝子の情報そのものが変わるわけではありません。思いきって環境を大きく変えたことで、私の中で眠っていた好ましい遺伝子がＯＮになり、やる気を起こしたのだと考えれば説明がつくでしょう。

ただ、注意しなければならないのは、環境が変わったことによって、むしろストレスをためこみ、精神的につぶれてしまう場合があることです。夏目漱石《なつめそうせき》は留学先のロンドンではほとんどノイローゼ状態だったと言われています。

海外での習慣の違いや言葉の障壁《しょうへき》も環境変化の一端《いったん》ですが、逆に悪い遺伝子が目覚めてしまっては、意味がありません。大きな期待を抱いていればいるほど、挫折《ざせつ》したときのショックは大きくなります。

留学といっても、すでに博士号を取得していた私は、給料をもらいながら研究するという立場でした。しかし、当時の私は、英語の読み書きはそこそこできましたが、英会話はほとんどダメで、最初のころは現地の人の言っていることがまるで聞き取れない。これでは、コミュニケーションもままなりません。

そのうえ、私は農学部の出身で、農芸化学《のうげいかがく》が専門でしたが、所属したのは、オレゴン州ポートランドにあるオレゴン医科大学の生化学《せいかがく》教室でした。これも大きな環境の変化です。しかも、なんらかの研究成果をあげないと、再契約してもらえず、一年でお払い箱になる可能性もあります。これは大きなプレッシャーだったと思います。

でも、私は根が楽天的なせいか、めぼしい研究成果をあげられなくてもかまわない、〝偉大なる〟アメリカという国を見て、ほんの短期間でも生活してくるだけで十分だと思っていました。当時は外国に行くこと自体がたいへんな時代だったから、この機会にいろいろなものを徹底的に見て、思いきり楽しんでやろうと思っていました。飛行機に乗るのもはじめての経験でしたから、それだけでもわくわくしていました。

しかも、私は新婚ほやほやで、少し遅れてやってきた妻とともに、アメリカ生活をエンジョイすることも忘れませんでした。中古車を買いこんで、休日ともなれば、あちこちをドライブ旅行したものです。

こうしたぞんぶんに楽しもうとする姿勢がよかったのか、ノイローゼになることもなく、よい遺伝子をＯＮにすることができたのでしょう。自分でも驚くほど、やる気人間に変貌《へんぼう》をとげて研究にいそしむようになってしまったのです。

よく「急に人が変わったようだ」とか、「心を入れ換えてやる」などと言いますが、これは、それまで眠っていた遺伝子が目覚め、活性化したことを表現したものだと思います。

アメリカの研究環境も私にはうまく合ったようです。親切な日本人にめぐりあえたのもラッキーでした。前向きの姿勢で積極的に生きていれば、現地の人の言葉も自然に聞き取れるようになってきます。

人は動くことで飛躍する

私にマッチした当時のアメリカの研究環境とは、ポスト・ドクター制度といって、博士号を取った若い科学者を世界中から呼び集め、給料を払いながら研究に従事させるというものです。

これは、アメリカの基礎科学研究を育てるのに大きな原動力となったはずです。そこで生まれた研究成果はすべてアメリカのものになるよう設定されていたので、相当の資金がかかったでしょうが、先行投資と考えればけっして高いものではなかったでしょう。第二次世界大戦後のアメリカの繁栄《はんえい》には、外国から呼び集めたこのような研究者たちの力も大きく寄与《きよ》していたと思います。

学位を取った直後の学者は、研究意欲に燃えていて、ほとんどが上昇期にあります。しかも、学位を取ったあとにがんばらなかったら、とても一人前の学者にはなれないのが実情です。

この制度はこうした活性期にある若い学者を対象としたものだから効果は抜群《ばつぐん》で、世界中から呼び寄せられた新進気鋭《しんしんきえい》の学者たちが、ライバル意識に燃えて研究に精を出すことになります。

私が所属した生化学教室には、イギリス、ベルギー、日本、インド、フランスの五ヵ国から十人の若い研究者がやってきていました。しかも、それぞれの研究者がみな異なる専門コースを経てきていたのです。医学の研究室なのに、医学部出身者で固めるということがない。私は農芸化学でしたが、物理、生理化学、生物などさまざまな分野の研究者が集まっていました。

研究体制そのものが、研究者がいろいろな角度から環境の変化を体験できるようになっていたのです。

私などはアメリカへ行くだけで環境の変化を体験できますが、現地の研究者はもとから自分の国にいるので、われわれのような環境変化は体験できません。そこで彼らはマンネリにおちいらないよう、自分自身で積極的に環境を変えていました。

アメリカでは大学、大学院、博士研究員、助教授、教授と階段を昇っていく節目《ふしめ》節目で、みずからの研究の本拠《ほんきょ》を変えていく人が多く、それものびている研究者ほど顕著《けんちょ》でした。やはり、人間は動くことで飛躍するようです。

新しいものにふれることは、遺伝子を目覚めさせる絶好の機会と言えるでしょう。

人間ががらりと変わるとき

私の弟はアフリカで、エイズで差別を受けている子どもたちのために学校などをつくる仕事をしていますが、そこに、日本で落ちこぼれてしまった子どもを連れていくことがあります。

これは一人の高校生の例ですが、日本にいるときは、親がいくら学校へ行くように言っても、「勉強にどんな意味があるのか」と言って、まったく行こうとしないで、盛《さか》り場《ば》などをうろうろしては、同じような連中と群《む》れて、自堕落《じだらく》に生きていました。たまに学校に行けば、規律にしたがわないので、先生から「もうくるな」と言われる始末です。

そんな親も手をつけられない、教師にも見放された少年が、アフリカの子どもたちの現実を目《ま》のあたりにするわけです。

アフリカでは、子どもが学校に行きたがっても、親はお金がないから行かせてあげられない。それどころか、子どももわずかなお金のために朝から晩までゴミ捨て場あさりなどをしています。劣悪《れつあく》な衛生状態、慢性的な栄養失調、日本では考えられないような惨状《さんじょう》に直面すれば、いやでも自分の身と比べることになります。

自分は親から月謝を出してもらい、小遣《こづか》いまでもらって、「お願いだから」と頼まれているのに学校へ行こうとしない。アフリカの子は四千円もあれば一年間学校へ通えるのに、それもままならない。自分が身につけている十万円もする洋服一着で、二十五人の子が学校に行ける……。

彼にとっては極端な環境変化と言えますが、そこでなにかの遺伝子がONになったのでしょう。彼は街の市場に行って自分が着ていた洋服を売り、そのお金で教科書を買いこんで、学校に届けることにしたのです。

子どもたちに教科書を配ると、全校あげて大歓迎してくれたといいます。おそらく、自分のやったことでこんなに感謝されたことは、それまでに一度もなかったにちがいありません。親から「おまえなんか生まなければよかった」とまで言われていたくらいですから。

そんな自分が全校あげて歓迎されたことで、さらに彼の別の遺伝子にもスイッチが入ります。

帰国後、彼はアフリカの学校に教科書を送る手伝いをしながらスワヒリ語を学びはじめ、いくら親が頼んでもやらなかった勉強に、率先《そっせん》して励《はげ》むようになりました。

物質的に豊かな日本で育った子どもたちは、それがあたりまえの環境だと思っています。今日の食事にも事欠《ことか》く生活を強《し》いられている人たちのことをどんなに口で説明しても、容易に理解できないでしょう。

しかし、否応《いやおう》なしにそういう現実の中に入れられると、口で言わなくても、肌でそれを感じ取るようになります。そういう学び方をすると、人間はがらりと変わります。

その意味でも、眠っている遺伝子を目覚めさせるには、環境を変えるのがもっともドラスチックな方法なのです。

食べ物やストレスがどう左右する

先にパスツール研究所で行われた大腸菌に与えるエサの実験の例を紹介しましたが、人間の身体でも同じようなことが行われています。

食べ物や栄養成分が遺伝子のＯＮ・ＯＦＦを左右する因子として注目されていますが、たとえば、糖尿病《とうにょうびょう》の指標《しひょう》の一つである血糖値《けっとうち》は、血液中のグルコースの濃度で測ります。このグルコースは体内のエネルギー源としてもっとも大切なもので、とくに脳のエネルギー源として必須《ひっす》成分です。したがって、グルコース濃度は、体内では厳密にコントロールされています。

その一定値を保持するのに大きな役割をはたしているのが遺伝子で、食事をして血糖値が上がると、体内のグルコース合成に関係する遺伝子のスイッチがOFFになって生産をストップします。そして、グルコースの消費に関する遺伝子のスイッチがONになり、その利用がはじまります。

逆に、食物をとらないでいて血糖値が下がってくると、同じ遺伝子のONとOFFのスイッチが逆転します。このようなON・OFFシステムによって、血糖値を一定に保っているのです。

このように、ある栄養素を外部から与えると、内部でつくる能力を減衰《げんすい》させるということがあるし、いつも与えていたある成分を与えないようにすると、代替《だいたい》成分を使うようになります。

これは、条件を変えることによって遺伝子のスイッチがONになったりOFFになったりしているということを意味しています。最近は、多くのビタミン類なども、遺伝子のON・

ＯＦＦに関係していることがわかってきました。

クローン羊のドリーはメスの乳腺《にゅうせん》細胞からつくられましたが、いまはお乳を出すことにしか機能していなくても、その細胞の中のＤＮＡには全情報が書かれていますから、生殖《せいしょく》細胞と同じ遺伝子をＯＮの状態にしてやれば、そこから細胞分裂を繰り返して、最終的には一つの個体になりえます。

もっとも、理論的には可能でも、現実には、そう簡単にできたわけではありません。細胞の眠っていた機能を取り戻させるために、研究者はいろいろな方法を試みたのですが、なかなかうまくいきませんでした。そして、一度はあきらめて、この細胞を始末しようとしたのではないでしょうか。なぜなら、その細胞への栄養補給を意識的にストップさせているからです。

ところが、ここで思わぬことが起こりました。細胞はエサを断《た》たれて飢餓《きが》状態におちいりましたが、これはとてつもない環境の変化です。

飢餓というのは、生命体にとってもっとも強力なストレスとなりますが、このストレスによって、細胞の眠っていた遺伝子が目を覚まし、全機能を回復して、とうとう個体にまで成長してしまったのではないでしょうか。

絶食や断食のからくり

以上のように、食べ物や栄養成分も遺伝子を左右する重要な環境要因の一つで、血糖値を一定に保つために、体内にグルコースがあまれば分解し、不足すれば合成するというじつに合理的なはたらきをしていますが、それを自動的にコントロールしているのが関連遺伝子のON・OFF機能です。

こうしたことは、これまでの栄養学ではホルモンのレベルでしか説明されてきませんでしたが、最近の遺伝子の研究でON・OFF機能が直接的にかかわっていることがわかってきました。

絶食《ぜっしょく》とか断食《だんじき》の効能も、このことから説明できるのではないかと思われます。先にクローン羊のもととなった乳腺細胞は、飢餓状態をきっかけに全能性を取り戻したらしいと述べましたが、これも断食効果の一つで、細胞が栄養分を一時的に断たれたことが、眠っていた遺伝子をONにするきっかけになったと考えられます。

こんな例もあります。若いときに結核《けっかく》にかかり、療養《りょうよう》には栄養補給がいちばんと言われて栄養をとることに専念していたのに、効果がいっこうにあらわれない。そんなときに東洋医学に出会い、断食療法を実践したところ、つまり栄養を断つほうに治療法を変えてみたところ、結核が快方に向かったと言います。

これも、断食による適度な飢餓感によって、関連する遺伝子のはたらきがＯＮになったものと思われます。

もちろん、断食は気をつけて行わないとかえって逆効果になるという危険をともないますが、断食とまでいかなくても、食べ物の節制や腹八分目の実践などは、明らかに体調をととのえてくれます。

食物や栄養、その摂取法《せっしゅほう》が遺伝子のはたらきに影響を与えることは、ほぼ確実です。たとえば高脂肪食をとると、脂肪酸の合成酵素《こうそ》のはたらきがＯＦＦになることがわかっています。遺伝子がそれ以上、脂肪酸をつくらないように指令を出し、体内の脂肪酸量を一定に保つようにしているのです。細胞膜を形成する重要成分であるコレステロールなども同様です。

体内の潤滑油《じゅんかつゆ》と言われるビタミンのはたらきも、遺伝子のＯＮ・ＯＦＦに関与していることが証明されています。

たとえばビタミンＡやＤなどは組織の形成とか骨のカルシウムの代謝《たいしゃ》を促《うなが》す栄養素として知られていますが、それが体内ではたらくためには、それをキャッチする受容体《じゅようたい》（レセプター）が必要となります。その受容体を調べてみると、筋肉増強剤に含《ふく》まれているステロイドホルモンの受容体と非常によく似ていることがわかりました。

ステロイドホルモンは、タンパク質の合成能力があまりにも強力であるため、副作用が懸《け》念《ねん》されて、スポーツ界では使用が禁じられています。ビタミンA、Dがそのホルモンと近いはたらきをしているということは、潤滑油どころか、遺伝子のON・OFF機能に直接的に関係し、体内で大きな役割をはたしていることを意味します。

また、その抗酸化《こうさんか》作用によって美容・不老ビタミンなどとも言われるビタミンC、Eも同様で、たとえばビタミンCは、筋肉の二〇パーセント以上を占《し》めるタンパク質であるコラーゲンの合成に関係しています。

このように、多くの栄養成分が遺伝子のはたらきに密接に関与していることが明らかにされつつあります。

熱を加えることによって遺伝子のスイッチがONになり、熱ショックタンパク質をつくることは昔から知られていましたが、最近、水温が下がると、魚のオスがメスに変わることもあるということがわかってきました。これは、男性ホルモンをつくる遺伝子がOFFになり、逆に女性ホルモンをつくる遺伝子がONになったことを意味します。

温度だけでなく、圧力、張力《ちょうりょく》、訓練、運動などの物理的要因によっても遺伝子のON・OFFが調節されているようです。

能力を発揮するには

ノーベル賞受賞者の経歴を調べていくと、かなりの数が、それ以前の受賞者の大学や研究室から出ているということがわかります。マサチューセッツ工科大学やベル研究所には、それこそノーベル賞受賞者がごろごろしています。ある研究分野では、賞が賞を呼ぶということがあるようです。

受賞者が身近にいることが、研究者や学生にとって目標にも刺激にもなるし、指導も受けられ、感化もされて、「よし、おれもがんばろう」と意欲を湧《わ》かせるきっかけになるのでしょう。

これも、環境が遺伝子のＯＮ・ＯＦＦにかかわってくることの一例です。独創性を生む環境づくりを目指すなら、先駆者《せんくしゃ》を身近に置くことが、なにより効果的だと思います。

ただ、ここで重要なことは、変えるにしても受け身ではダメで、あくまでも、みずから率先して変えていかなければあまり効果はないという点です。

従来の年功序列《ねんこうじょれつ》や終身雇用《しゅうしんこよう》のシステムが崩《くず》れ、いまは人材の流動性が高まっている時代です。これを「会社はもう個人の雇用を保証してくれない」とマイナスにとるばかりでは、よい遺伝子は目覚めないでしょう。既得権《きとくけん》の確保、前例主義や減点主義にこだわっていたのでは、逆にもてる能力を萎縮《いしゅく》させてしまいます。これでは、むしろ、うしろ向きの遺伝子がＯ

Nになります。

「いまの上司が替わってくれれば、おれはいくらでも能力が発揮できるのに……」

自分からは動こうとせず、こんなふうにグチってばかりいるようでは、どんな上司がきても、同じことでしょう。

私自身、思いきって日本の大学に見切りをつけ、渡米したことが研究の結実《けつじつ》につながりました。裏を返せば、日本の研究風土はもてる能力をONにしにくい環境にあるということです。序列にやかましく、制約が多いため、自由な発想や独創性がさまたげられる傾向が強いのです。

日本人は独創性に欠けるかというと、そんなことはありません。湯《ゆ》川秀樹《かわひでき》博士の中間子理《ちゅうかんしり》論や江崎玲於奈《えさきれおな》博士のトンネル効果を利用したエサキダイオード、白川英樹博士の伝導性ポリマーなど、日本人は画期的《かっきてき》な発見や発明をいくつもしてきました。とくに化学の分野では、野依良治《のよりりょうじ》博士、田中耕一氏の研究に代表されるように、日本のレベルは世界的にも高いものです。

ただ、国内に、その独創性を見抜く目や評価するシステムが乏《とぼ》しい。湯川、江崎、白川さんたちの発見や発明のすばらしさも、海外での評価が輸入されてはじめて気づかされたものです。才能や能力は、それが見いだされやすい環境でこそ開花します。

白川博士がノーベル賞受賞直後に話されたことですが、中学の理科の時間、ある生徒が先生に雲が空に浮かぶのはなぜかと質問したところ、「そんな雲をつかむような話はダメだ」と答えたので、以来、教師に不信感を抱くようになったといいます。

すぐれた発見、発明の多くは、雲をつかむような話から生まれているのですが、日本人はこうした自由な発想の芽を摘《つ》んで、全員の能力を均質化《きんしつか》させようとする傾向が強い。こういう傾向はまだだいぶ残っているようです。

このような集団主義にも長所はありますが、いまの日本に求められているのは、組織力より発想力です。それだけに、みずから進んで環境を変えたり、自分が動きやすい環境を構築する努力をしなければ、いつまでたってももてる能力をＯＮにすることはできないでしょう。

私たちが仕事や勉学などで関連する遺伝子をＯＮにするためには、環境を変えるのがいちばんの早道ですが、人は本能的に安定や安全を求めますから、急に環境を変えるのは勇気のいることかもしれません。現状に満足できるなら、あえて変える必要はないでしょう。しかし、いくら努力しても結果がともなわないとき、現状が不満でがまんできないときには、思いきって環境を変えてみてはどうでしょうか。

ヒトラーのクローンはどうなるか

昨今《さっこん》、マスコミでクローン人間の存否《そんぴ》とか是非《ぜひ》の問題が論じられることが少なくありませんが、クローン人間をつくることは、哺乳《ほにゅう》動物の羊でできたのですから、理論的にも技術的にも可能でしょう。

通常、子どもは父親と母親の双方《そうほう》から一ゲノムずつをもらって誕生しますが、そのときの遺伝子の組みあわせは、計算上、七十兆通りも考えられます。だから、そっくり同じ遺伝子をもった人間が存在する可能性は、自然界ではかぎりなくゼロに近いわけです。

ところが、クローン人間の場合、男と女のどちらの細胞からでも、そっくり同じ遺伝子をもった人間が誕生するのです。両親がそろっている必要がない。

クローン羊のドリーはメスの乳腺細胞から、代理母のおなかを借りてつくられたので、この誕生にオスはなんら関与《かんよ》していません。

クローン人間は、細胞を提供した人とまったく同じ遺伝子をもってできあがるわけで、自然界ではまず起こりえない現象です。それを人為的《じんいてき》に行おうというわけですし、かりにそれに成功したとしても、それが成長していく過程でなにが起こるかわかりません。

クローンマウスのほとんどは通常出産のマウスより寿命《じゅみょう》が短く、ドリーも羊の平均寿命からしたら、半分の年月しか生きられませんでした。そのため、多くの人が不安を抱くのも当然でしょう。私も、クローン人間の〝製造〟には反対です。

ただ、たとえば、なんらかの方法でヒトラーのＤＮＡを入手して、クローン人間をつくったら、ヒトラーとそっくり同じ危険人物になるかといったら、それはありえないと思います。なぜなら、現在は、独裁者ヒトラーの生きた時代とはまったく違うからです。

遺伝子は環境に左右されますから、ＤＮＡが同じだからといって、遺伝子のもつ機能の同じ部分だけが発動するわけではありません。かりにヒトラーのクローンが現代に生まれたとしたら、絵の才能を発揮して、すぐれた画家になるかもしれません。いくら容貌《ようぼう》はそっくりでも、そのときの社会情勢や当人を取り巻く環境によって発現する遺伝子が変わってくれば、人間性も変わってくるでしょう。

環境ホルモンから遺伝子を守る

環境や外的刺激が遺伝子に与える影響で恐ろしいのは、化学的、人工的な環境ホルモンです。化学的な環境要因が遺伝子に作用して、ＯＮ・ＯＦＦ機能に混乱を与えますが、その代表例が、環境汚染《おせん》とともに大きな社会問題となっている環境ホルモンです。

環境ホルモンは体外でつくられるニセのホルモンで、体内に入って本来のホルモン作用を攪乱《かくらん》することから、外因性内分泌《ないぶんぴつ》攪乱物質とも呼ばれます。背骨が曲がるなど奇形の魚があらわれたり、一部の貝類でオスがメス化する現象が見つかったりしているのは、環境ホルモンの影響によるものと考えられます。

ダイオキシンなどの環境ホルモンが体内でどんな作用をし、どの遺伝子のスイッチをONにしたり、OFFしたりしているかなど、その直接的な因果関係はかなりわかってきています。

化学物質が体内で反応するには、それをキャッチする受容体（レセプター）が必要です。受容体は特定の物質と結びつくと、遺伝子をONにして、新たなタンパク質の合成を促します。

受容体もタンパク質でできていますが、このタンパク質の構造は人によって違いがあるため、同じ環境ホルモンでも、ある人には大きな影響を与え、別の人にはほとんど作用しないといった個人差があらわれます。

本来、ダイオキシンをつかまえるべき受容体とほんのわずか構造の異なるタンパク質をもつ受容体が、ダイオキシンを間違ってキャッチしてしまうということも起こり、そのため本来はたらくはずのない遺伝子のスイッチがONになったり、はたらいていた遺伝子がOFFになったりするケースもあるようで、そのメカニズムもだんだんと解明されつつあります。

ちょっと話がそれますが、体外から摂取した麻薬が体内で効《き》くためには、受容体がそれをキャッチしなければなりません。人間の体内にすでにそうした受容体が存在しているということは、麻薬と似た物質が体内で分泌されているからだと考えられます。快楽ホルモンとも称されるエンドルフィンなどはその一例でしょう。ただ、その種の体内麻薬は受容体と結合しても、すぐに分解されるので中毒になることはありません。

ところが、体外からやってくる麻薬は、構造が体内麻薬に似ているため、受容体はそれをキャッチして快楽をもたらしますが、異物ですから生体内麻薬のように分解されず、これが中毒症状を引き起こすと考えられます。このように、体内でつくられるものと、体外で人工的につくられるものとは、似て非なるものなのです。

建築部材に含まれるホルムアルデヒドなど、私たちの遺伝子に悪作用をもたらす化学物質は身近なところでたくさん発見されています。好ましい遺伝子をＯＮにするためには、そうした危険な化学物質はできるだけ体内に取りこまないよう配慮《はいりょ》し、遺伝子を健全な状態に保っておくことが大切です。

第三章　「知らない」からできた！

退路を断って

私の最初のアメリカ留学は、京都大学の恩師からの「研究を手伝ってほしい」との要請《ようせい》によって、とりあえず二年で終了し、帰国することになりました。

それから三年後の一九六九年秋、私が二度目の渡米を決意したのは、泥沼化《どろぬまか》した学園紛争の中で、閉塞感《へいそくかん》、行きづまりを感じていたからでした。

日本を離れるさい、京大はもちろん、二度と日本の大学に戻ることはあるまいと、少々感傷的にもなりました。もし日本に帰るようなことになっても、違う仕事につく覚悟で、どんな仕事でもやろうと考えていました。いっさいの甘えを捨て、文字どおり退路を断《た》って、アメリカの地で研究に没頭《ぼっとう》する以外になかったのです。

赴任先《ふにんさき》は、テネシー州ナッシュビルのバンダービルト大学医学部でした。大陸横断鉄道などを敷設《ふせつ》して富を築きあげたバンダービルトが、晩年、その富の一部でつくった大学です。ナッシュビルは、いわゆる南部に属する町ですが、南北戦争では南軍勢力の最先端《さいせんたん》となった地で、カントリー・ミュージックの本場です。人口は当時で三十万人。市内に大小十四の大学があるという教育文化都市でもありました。

オレゴン医科大学と同様、私が所属した医学部生化学教室には、ホルモンの研究でノーベル賞を受賞したサザーランド博士など有名な研究者が活発な研究を行っていました。

農芸化学専攻の私が医学部に行くのは、畑違いのようにも見えますが、医学にも基礎と臨《りん》床《しょう》があって、基礎医学の分野では農芸化学と共通する部分もあるのです。とくに、アメリカの基礎医学界は、いろいろな分野から人材を集めていました。

人間も一つの生物として見ると、微生物や動物などとの共通点がかなりあるので、生化学が基礎医学の重要な一分野として成り立つのです。

たとえば酵素《こうそ》というタンパク質は、大腸菌にも人間にも、あらゆる生物の体内に存在します。したがって、酵素の基礎研究をやっている人は、医学部でも農学部でも理学部でもはたらけることになります。

私を大きく変身させた出会い

オレゴン医科大学での留学生活に比べ、度胸《どきょう》がすわっていて、先のことは神にまかせ、とにかくアメリカに腰を据《す》えようと決心していましたが、アメリカ社会自体も、大きな曲がり角を迎えていたようです。

黄金の六〇年代は過ぎ去り、経済も停滞《ていたい》しはじめていました。ベトナム戦争の泥沼化、ニクソン大統領のウォーターゲート事件などで、アメリカの栄光にもかげりが見えつつありました。そのあおりを受けて、それまではありあまっていたように見えた研究費も、特別な分野を除き、大幅に削減《さくげん》されてしまいました。

しかも、私は、一回目のアメリカ生活のような「お客さま」ではなく、否応《いやおう》なくアメリカ人と競争する立場に置かれていました。ただ研究していればいいわけではなく、不得意な英会話で学生たちに講義もしなければなりません。アメリカ社会が契約によって成り立っている実力本位の社会であることを、改めて思い知らされたのもこのころです。

たとえば、大学は終身雇用《しゅうしんこよう》ではなく、講師や助教授の任期は一年から三年で、それが終わればいつでもクビを切られる可能性があります。さいわいにも昇任《しょうにん》して準《じゅん》教授（アソシエイト・プロフェッサー）以上になれば、一応、身分は保障されますが、給与は全額は保証されません。とくに、有名私立大学の医学部はきびしく、大学が保証するのは給料の二〜五割。残りは、自分の研究費でまかなわなければなりません。

自分の研究費もけっして自動的に入ってくるのではなく、多大なエネルギーを費《つい》やして申《しん》請書《せいしょ》を書き、多くの競争者に打ち勝って、ようやく獲得できるものなのです。

もちろん、研究費の獲得のためには、申請書に書いた研究に関係する、これまでの業績、しかも最近の業績が絶対に必要です。昔、ノーベル賞をもらったことがあるとか、すぐれた研究をしたというのは、認めてもらえません。

研究費が獲得できるかどうかは、研究者としての自分を賭《か》けた死活《しかつ》問題です。若く、有能で、幸運にめぐまれた人は、大きな研究費を獲得し、どんどんよい仕事をして、先輩や、ときには自分の先生を追い越し、若くして正《せい》教授になることも可能です。仕事ができなければ、あとからきた人に追い越されていくばかりか、さらに落ちていってしまうのです。

これがアメリカ流の「公平」であり、そのため教室でも、教師と学生のあいだには、競争を前提とした一種の緊張関係が存在します。つまり、教授も三年か五年ごとに入学試験を受けているようなものなのです。

アメリカの科学・技術の進歩は、それぞれの研究者の能力、情熱、執念《しゅうねん》のほかに、このような制度に負っている部分も大きいのです。

この制度にも欠点があって、競争に勝たねば生き残れないという社会では、全体として見れば、不必要な緊張や無駄を生んでいるケースが多いように思われます。たとえば、研究費獲得のためにデータを捏造《ねつぞう》するような事件が、毎年のように起こります。

私は、この激しい競争社会で、自分が研究者としてどこまでやれるか、自信があるわけではなかったけれど、退路を断ってしまった以上、もはやこれしか道はありませんでした。

結局、ナッシュビルには七年いましたが、この七年におよぶ生活が、私を大きく変身させる原動力となりました。そのきっかけは、偶然ながら、生涯《しょうがい》の研究テーマに出会ったことです。それは、血圧の調節に重要な役割を演じる酵素、レニンに関する研究でした。

勘違いから大発見

生化学教室の私の研究室の近くに、スタンレー・コーエンという、やや風変わりな教授の部屋がありました。コーエン教授は長いあいだ、生まれてまもないマウスの目を早く開かせる作用をもつ成長促進因子を、オスのマウスの唾液腺《だえきせん》（顎下腺《がっか》）から純化し、その性質を調べる仕事を続けていました。

この因子は、アミノ酸が五十三個連《つら》なったEGFと呼ばれるホルモンの一種で、最近では、発ガン機構との関係で注目をあびています。しかし、当時は、誰からも注目されることのない地味な研究でした。その方法も、最新鋭《さいしんえい》の機材を使うこともなく、マウスに注射をしてはその結果を観察するという原始的な手法でした。

コーエン教授はのちの一九八六年にノーベル賞（医学・生理学賞）を受賞しますが、このころはどう見ても「冴《さ》えないおっさん」にしか見えませんでした。

ある日、そのコーエン教授が興奮した面持《おもも》ちで、私たちの研究室に駆けこんできました。

「純化したEGFをごく少量、マウスに注射したところ、血圧の上昇が見られたんだ。これは大発見かもしれない」

そのようなことを早口でまくしたて、共同でこの新しい仕事をしてみないかと提案してきたのです。コーエン教授の研究室は医学部でももっとも小さく、スタッフも女性の助手が二人だけ。早い話が、手が足りないから、私にも手伝ってほしいというわけです。

パッとしないことにかけては、こちらもご同様。赴任《ふにん》以来、めぼしい成果もあげていなかったし、へたな英語での私の講義は学生から不人気。そのころのアメリカは、ベトナム戦争の泥沼の中で景気も下降し、とりわけ外国人講師にはきびしい目が注《そそ》がれていて、さしずめ私はリストラの最有力候補だったにちがいありません。

ここは冴えない者同士、コーエン教授の申し出をむげに断ることもできません。それに、彼の言うことが事実なら新発見であることは間違いなく、酵素の研究をしていた私にも、血圧を上昇させる新しい物質には興味があって、さっそく共同研究というか、お手伝いをさせていただくことになりました。

まず、コーエン教授の純化したホルモンが、本当に血圧上昇作用をもっているかどうかを厳密に確かめる実験に取りかかりました。そして、半年後に、オスのマウスの顎下腺から、血圧上昇作用をもつ物質を純粋に取りだして結晶化《けっしょうか》することに成功しました。

ところが、この物質はコーエン教授が予想していたホルモンとはまったくの別物。彼が純粋だと思いこんでいたホルモンの中に、わずか千分の一程度ですが、不純物が混じっていて、それが血圧に作用していたのです。

この物質は数時間ものあいだ血圧上昇を持続させるという強い作用をもっていましたが、全体の十億分の一グラムというごく微量だったので、コーエン教授は見逃《みのが》していたのです。それは、昔からレニンと呼ばれていた腎臓《じんぞう》の酵素によく似ていました。そこで私たちはこの物質を「顎下腺レニン」と名づけました。コーエン教授の勘違《かんちが》いのおかげで、はじめて純粋な状態で取りだされたのです。

そして、これこそ、体内での血圧、水分、塩分などのコントロールに重要な役割を演じる酵素、レニンと私との最初の出会いだったのです。

私がアメリカに行っていなかったら、コーエン教授に出会っていなかったら、その仕事を手伝っていなかったら、コーエン教授が勘違いをしていなかったら……私はまったく別の人生を歩んでいたことでしょう。

人生も研究も出会いが大切ですが、レニンとの出会いはじつに不思議な縁《えん》だったと思います。この出会いが、以後の私の研究生活を大きく規定していったことを考えると、私はそこになんらかの大きな力を感じずにはいられません。

科学の世界では、大きな発見や進歩の大半が、偶然の出会いからはじまっているといっても過言《かごん》ではありません。ノーベル賞受賞者は、多かれ少なかれこの幸運に浴《よく》しているはずです。百数十億年前の宇宙のはじまり、大爆発（ビッグバン）の証拠を見つけて、一九七八年にノーベル物理学賞を受賞したペンジアスとウィルソンの発見も、まったく偶然からはじまったものでした。彼らは物理学者ではなく、ベル電話会社のアンテナ技術者だったのです。

タブーに手を出してしまった

私がレニンの研究に打ちこむようになったのには、もう一つの重要な要因がありました。それは、私が対象についてまったく無知だったということです。

私は農芸化学科の出身ですから、酵素やタンパク質の一般的なことはひと通り知っていましたが、レニンという酵素についてはまったく知りませんでした。この酵素は、自分では直接手を下さず、自分のつくったホルモンを使って血圧を上げさせるという黒幕《くろまく》的存在なのです。その黒幕の正体を探る研究に多くの学者たちが挑《いど》んでは、ことごとく失敗してきたという事実も、私はまるで知りませんでした。

レニンは十九世紀末から血圧を上げる物質として、その存在が知られていました。腎臓の調子がおかしくなると血圧が上がることから、腎臓の中にそれを起こす物質があるにちがいないと推察、腎臓をすりつぶし、その上澄《うわず》みを血管内に注射したところ、はたして血圧が上がって存在が確認され、そこからこの物質は、腎臓を意味する「レニン」と命名されたのです。

その後の研究によって、レニンが直接血圧を上げるのではなく、アンギオテンシノーゲンというホルモンの前駆体《ぜんくたい》に作用して昇圧《しょうあつ》ホルモンのアンギオテンシンをつくり、それによって血圧を上げているということがわかりました。そして、このはたらきをとめる薬が高血圧の治療薬として広く用いられています。

しかし、あとでわかったことですが、当時はレニンの正体解明の研究はタブー視されていたのです。有名な研究者が何十年も前からレニンの純品をつくろうとしては失敗し、研究者のあいだでは、「あれには手を出すな」と言われていた悪名高き酵素だったのです。

多くのすぐれた先輩たちが繰り返し挑戦して失敗しているものを、自分がいまからやったって、成果などあがりっこない。どうせやるなら、もっと見込みのある対象を選んだほうがいい……。当然の考え方です、過去の失敗の歴史を知っているなら。実際、私がレニンに取り組みはじめると、「やめたほうがいい」と忠告してくれる人もいました。

しかし、知らないことが、かえってさいわいしたのです。

レニン研究の歩みや、レニンの純化の困難さなどについて、少しでも聞きかじっていたなら、最初から敬遠《けいえん》していたにちがいありません。そして、私の遺伝子もONにならず、世界ではじめてレニンの純化に成功するという栄誉《えいよ》に浴することもなかったでしょう。

その意味では、新しい研究に入るときには、「よけいなことは知らない」ということも意外と重要なのかもしれません。

よく勉強して、なんでも知っている人は、新しい研究に対しては臆病《おくびょう》になりやすいものです。あるすぐれた研究グループが全力で取り組んでいても容易に成功しない研究テーマがあって、その事実を知っていたとすると、ふつうは同じ研究に取り組むことにどうしても二の足を踏むものです。こういうときは、やる気を出す遺伝子がＯＦＦになっています。

そうした事実を知らなければ、素人《しろうと》の強み、怖いもの知らず、「知らぬが仏《ほとけ》」、臆することなく取りかかることができ、それがきっかけで遺伝子のスイッチがＯＮになって闘志《とうし》満々《まんまん》、しかも、知らないからこそ、視野を広くとることができて、先人が見過ごしていた新事実につきあたるということも起こってきます。

知らなかったから夢中になれた

ともあれ、こうして本格的に顎下腺レニンの研究に取り組みはじめましたが、医学界ではまったく反響を呼びませんでした。なぜなら、顎下腺でつくられるレニンが、生体内でどのようなはたらきをしているかがまったくわからなかったからです。

レニンという酵素は、通常は腎臓でつくられ、それが血中に出てはたらくと考えられています。そのレニンが顎下腺でもつくられているのは不思議なことでした。顎下腺は、主として唾液をつくりだす場所と考えられており、生理的な状態で、顎下腺から血中へレニンが放出されているかどうかも明らかではありません。

唾液の中に含まれているので、消化酵素の一種かと考えられたこともありましたが、レニンにはそのようなはたらきはありません。

マウスの顎下腺レニンの含量《がんりょう》を、生後から成熟期まで測定してみると、生後一週間目ではきわめて少ないが、成熟するにつれて急速に増加し、六週目にはレニン含量が一週目の一千万倍に達することがわかりましたが、それがなにに役立っているかもわかりません。しかも、不思議なことに、顎下腺レニンはマウス以外ではほとんど検出されません。

ごく最近になって、オスのマウスを怒らせると顎下腺レニンが血中に大量に放出されることがわかりましたが、通常の生理的条件下では、顎下腺レニンが血圧コントロールに関係しているとは考えられません。

結局のところ、マウスの顎下腺レニンの研究は取っかかりにすぎず、本命は生理作用のはっきりしている腎臓内のレニンです。そこで私たちは、研究の材料を顎下腺から腎臓に替えることにしました。

生体内に含まれている物質の性質を完全に明らかにするには、そのものを純粋なかたちで取りだし、その成分や性質を分析しなければなりません。そこで、純化という作業がとても大切になり、それはレニンについても同じことです。

しかし、それは非常に困難な作業でした。レニンが腎臓の中にあるといっても、全体の重さの十億分の一と、その量が極端に少ないからです。

腎臓の中には、レニンのようなタンパク質のほかに、水分、脂肪なども含まれています。タンパク質とほかの成分との分離は容易ですが、互いに似た性質をもつタンパク質や酵素の中からレニンという酵素だけを分離するのは至難《しなん》の業《わざ》です。十万個以上のタンパク質の中から、ただ一個のレニンを選ぶ技術がなければ、レニンの純化は不可能なのです。

さらにレニンの純化を困難にしているのは、レニンの純度が上がっていくにつれて不安定になるという性質です。含まれている量が非常に少ないうえに不安定ときては、最悪の条件です。多くの研究者が、レニンの純化に挑戦しながら成功しなかったのも、無理からぬことでした。

そんなこととは露知《つゆし》らず、レニンの純化に挑戦した私たちは、まさに蟷螂《かまきり》が前足を斧《おの》のように振りあげて隆車《りゅうしゃ》に立ち向かうようなものでした。

しかし、よけいなことを知らなかったから夢中になり、夢中になったから、それまで眠っていた遺伝子が目覚めたのです。

悪戦苦闘が報われた日

先人にたがわず私たちも悪戦苦闘の連続でしたが、ちょうどそのころ、タンパク質や酵素を純化する新しい方法が登場してきたのは、願ってもない幸運でした。それは、「おとり」を使って目的物をおびき寄せるという方法です。

純化しようとするタンパク質と親和性《しんわせい》のある物質をおとりにして結合させ、ほかの不純物から分離しておいて、最後におとりと切り離すというやり方です。こうすれば、一挙に純化が進みます。

ある男性が、ある女性と会いたがっているけれども、女性のほうはなかなか会ってはくれない。そこで男性は一計《いっけい》を案じます。彼女と仲のよい女性に頼んで相手を呼びだしてもらい、呼びだしに応じて彼女がきたところで、おとりの女性には帰っていただくという寸法《すんぽう》です。

もっとも、このおとり作戦、口で説明するのは簡単ですが、実際にやってみると、そう簡単にはいきません。まず、目的物質とおとりとの親和性の強さが問題です。弱すぎれば目的物は結合せず、逆に強すぎると、おとりから目的物を引き離すのがむずかしくなります。

せっかく呼びだしてもらった彼女も、一人で自分のもとに残ってくれなければ意味がありません。仲よしの女性と一緒に帰ってしまったらどうしようもないでしょう。目的の女性とその友だちがあまり仲がよすぎると、引き離しにくいし、仲が悪かったら、呼びだしには応じてくれません。その度合いを見きわめるのがなかなかむずかしいのです。

そこで、おとりになる物質は、親和力が強すぎもせず、弱すぎもしない、中庸《ちゅうよう》がかんじんとなってくるわけですが、そんな条件にあてはまる都合のいい物質はなかなか見つかりません。私たちはくる日もくる日も約一年にわたっておとり探しに明け暮れ、やっとレニンの基質とよく似た構造の一つの物質に出会いました。

これもまたうそみたいな偶然ですが、たまたま日本からやってきた人が持参していた物質の中に、それが入っていたのです。彼は私たちの研究のことを知っていて、その物質をもってきてくれたというわけではありません。まったく別の目的で携行《けいこう》していたものです。しかし、こちらは試せるものならなんでもやってみたいという半分投げやり的な気分ですから、それを試しに使わせてもらったのですが、意外にもそれらしい手応《てごた》えがあったのです。

そして、このおとり作戦と従来の方法を組みあわせることで、豚数百頭分の腎臓（二十四キロ）から純粋なレニンの取りだしに、とうとう成功したのです。

レニンという物質が発見されてから七十年あまり、一九七五年、レニンの最終標本が純粋であることの証拠を手にしたこのときの感激を、私はいまでも鮮明に覚えています。

この成果によって、私にもようやく花が咲きはじめました。「冴えない日本人」は返上《へんじょう》、大学での処遇《しょぐう》も俄然《がぜん》よくなり、私は助教授に昇格しました。

レニン研究の成果がニュースになると、周囲の人の対応まで変わってきました。それまで「君は英語がヘタだからクビだ」と悪態《あくたい》をついていた人まで、手のひらを返したように、「あなたはこの大学にとって非常に大切な人だ」なんて調子のいいことを言いだす始末です。

偉大な「ナイト・サイエンス」

科学にはおもしろい裏話がいっぱいあって、それが大発見や大発明につながっています。

二〇〇二年にノーベル化学賞を受賞した田中耕一さんも、実験中にマトリックス材の金属粉にうっかりグリセリンをこぼしてしまったことから新しい発見をしました。捨てるのも惜《お》しいと思い、試しにそれでやってみたところ、思いがけずうまくいったというのです。二〇〇〇年にノーベル化学賞を受賞した白川英樹さんも、同じような体験をもっています。

たとえば、カビと人間の細胞の融合《ゆうごう》技術の原理も、偶然に発見されたものです。ある研究室で学生が教授に言われたとおりに実験を繰り返したけれど、どうしてもうまくいかない。そこで頭にきて、教授の指示とは関係のない物質を入れてみたら、融合がはじまって、新発見につながったと言います。

もちろん、間違いだけからは、すばらしい業績は生まれません。しかし、失敗などによって常識を破るような現象が出現したときこそ、科学者の勝負のときだと思います。このときにその現象をどう解釈し、それを飛躍《ひやく》に結びつけるための感性や直感が科学者にも必要なのです。

一般に科学は客観的、論理的な世界と考えられていますが、これは、コインにたとえれば表側だけで、その裏に創造性豊かな主観的世界、みずみずしい感性や直感、インスピレーション、さらには、霊感《れいかん》としか表現できない世界が存在しています。

こういう表面に出てこない科学の世界を、私はナイト・サイエンス（夜の科学）と呼んでいます。いわば、王道に対する裏街道です。

とくに大発見の芽は、ほとんどナイト・サイエンスから生まれています。大きな発見は、いままでの論理のたんなる積み重ねだけでは生まれないものなのです。

通常、科学者はナイト・サイエンスについては語りません。私たちが講義をしたり、専門の学会で発表するのはデイ・サイエンス（昼の科学）についてであって、それは客観や論理の世界です。これは、いわばできあがった結果です。理性的で客観的、いつも論理の筋《すじ》が通って整然としています

しかし、ナイト・サイエンスは、この仕上げられた結果にいたるまでのプロセスに関係し

てきます。プロセスですから、必ずしも理屈どおりには進まないこともあります。間違いがあったり、不思議な出会いがあったり、神のおめぐみとしか思えないような予想外の幸運に遭遇《そうぐう》して狂喜した瞬間が私にもありました。

直感、霊感、不思議体験などから、たいへんなヒントを得ることもあります。一般の人が見たら、およそ科学者らしくないことにも、私たちはかかわっているのです。

科学者・技術者は世間的にはそれほどめぐまれているとは言えません。それでも、日夜、研究に従事できるのは、そのプロセスに感動や予想もしない驚きがあるからです。その驚きから常識をくつがえす大発見が生まれることがあるから、おもしろくてやめられないのです。

実際に、これまでの科学上の大発見や大発明の大半は、ナイト・サイエンスからはじまっていると言ってもいいくらいです。デイ・サイエンスが左脳的なら、ナイト・サイエンスは右脳的、あるいは遺伝子発想的と言えるでしょう。

先になにか新しい研究に取り組むときに、「よけいなことを知らない」ことが意外に重要だと述べましたが、たしかに科学者にとって情報や知識は有力な武器です。しかし、デイ・サイエンス一辺倒《いっぺんとう》の人には、この武器がときとしてマイナスにはたらくことがあります。よく勉強していて、なんでも知っている人ほど、新しい試みに消極的になりやすい傾向があるからです。

レニンの研究をはじめようとしたとき、「やめたほうがいい」と忠告してくれる人がいましたが、なにか新しい研究に取り組もうというときに反対するのは、決まって知識豊富な人です。知識がある人ほど、批評家的にものごとを否定的な視点から見ていきがちです。

その道のプロはえてして保守的で、かたくなに従来の方法にこだわり、それを踏襲《とうしゅう》します。そして、「いまどきの若いやつらは……」などと、新しいやり方を認めようとはしません。それでも一定の仕事は継続できるでしょうが、そこから大きな飛躍はとうてい望めないでしょう。伝統芸術を守っていく立場の人ならいざ知らず、いつも新しいことに挑戦しなければならない科学者には向かない手法です。

それに対し、未経験者はなにごとにも思いきって取り組むことができます。なにも知らない人は、怖いもの知らずの危険もありますが、大きな成功というのは、しばしばそういうかたちでなされるものです。

ソニーの創業者である井深大《いぶかまさる》さんにお目にかかったときに、世界的企業を育てられた秘訣《ひけつ》をうかがったところ、こんなふうに答えられました。

「玄人《くろうと》ではなかったことがよかったんです」

素人・無知の強み

レニンの研究に取り組むには、どうしても純度の高いものが必要です。ところが、腎臓に含まれていることはわかっていても、量がすごく少なく、おまけに物質として不安定という、研究者にとっては最悪の条件でした。

過去にレニン研究に取り組んだ学者はたくさんいましたが、誰一人として純化に成功した人はなく、前にも述べたように医学研究者のあいだでは「レニンには手を出すな」と言われていたのです。

ところが、農芸化学科出身の私はそんな悪名高い酵素であることを少しも知りませんでしたから、怖いもの知らずでレニンに取り組めたのです。私が医学部出身だったら、おそらく手を出さなかったにちがいありません。

素人だったおかげで、私はこのやっかい者のレニンとずっとつきあい、世界に先がけて純化・精製《せいせい》に成功しましたが、事前にレニンで失敗している人が多いという知識をもっていたら、自分の研究テーマにしたとは思えません。

その後、レニン研究が暗礁《あんしょう》に乗りあげたときに、遺伝子工学の技術を取り入れたのも同じことです。これこそ素人の強みです。

ヒトのホルモンを大腸菌でつくるという技術が開発されたというニュースを聞いて、「それならヒトのレニンだって大腸菌でつくれるんじゃないか」などと短絡的《たんらくてき》に考えたのも、私が遺伝子工学のことをろくに知りもしなかったからなのです。私にちゃんとした知識があったら、そんな大それたことを考えるはずがありません。

ところが、この無知が逆にさいわいして、ヒト・レニンの遺伝子解読に世界ではじめて成功するという成果に結びついたのです。

井深さんは、ソニーが国産初のテープレコーダー開発、トランジスタ導入に成功したことについて、こうも述べられています。

「テープレコーダーもトランジスタも、もし深く理屈がわかっていたら、恐ろしくてできなかったでしょう。あとで知って、よくも向こう見ずにこんなことをやったものだと思いました」

よい結果を出す秘訣

知識や情報量そのものが悪いとは思えません。ただ、自分が人よりよけいに知っていると、ほかの人より正しい判断ができるという思いこみが生まれ、その知識に頼る気持ちが勘を鈍《にぶ》らせるのだと思います。

あるいは、知識によって先を読んでしまうことも、マイナスに作用する一因でしょう。

とくに研究がうまくいかないとき、なまじ知識があるばかりに、すぐに結論を出してしまいます。そこには、「やっぱりダメだろう」という先入観があるように思われます。

畑違いの遺伝子工学の分野に足を踏み入れようとしたとき、「先生、大丈夫なんですか」と、否定的な考えを口にしたのは、偏差値秀才《へんさちしゆうさい》タイプの学生たちでした。

もちろん、大丈夫なんて保証はありません。でも、大丈夫でないという保証もないのです。なにごともやってみなければわからないし、画期的《かっきてき》な技術だから、やってみるだけの価値はある、というのが私の考えでした。

一方、好奇心旺盛《おうせい》なスタッフは、「おもしろそうだからやりましょう」と賛成してくれました。この「おもしろそう」というところが大事で、こういう人は、たとえすぐにはうまくいかなくても、興味があるうちは投げださないで続けるため、よい結果が出ることが多いのです。

少なくとも独創性を必要とする世界では、知識や情報に頼りすぎると、遺伝子は眠ったままで、あまりいい結果は出ません。いい遺伝子をONにするためにも、知識のある人はいったん知識を忘れたほうがいいし、過去の経験はシャットアウトして、とりあえず、目の前のことに集中することです。

第四章　「半バカ」になる！

道が開けるとき

遺伝子ONのために強調しておきたい点の一つは、それがプラスかマイナスかなどと考えるひまを自分に与えず、ともかく、やってみることです。

できるかできないか、効果的かどうか、そんな評定《ひょうてい》は後まわしにして、とにかくものごとをはじめてみることが大事なのです。

そして、いったんはじめたら、どこまでもやりつづける。途中でつまったら、やりなおす。

むやみに疑念や逡巡《しゅんじゅん》をさしはさまない。愚鈍《ぐどん》でも泥臭《どろくさ》くてもいいから、思いこんで、バカみたいな単純さでやりつづける。

本当に前向きな人というのは、そういうことに機械のように専念できる人です。

そうした姿勢や資質は成功者に多く見られる、遺伝子ON型人間の特徴と言えます。

人は先のことを考えたり、ものごとの成否《せいひ》を考えすぎたりすると、どうしてもマイナス思考におちいりがちで、限界意識が先立ちやすいものです。そういうときは、多少のむちゃを覚悟で、思いきって火中に飛びこんでみるべきです。

よけいなことは知らないほうがいい。とりあえず目の前のことにだけ集中する。

すると意外に道が開けてくるものです。

「見る前に跳《と》ぶ」

この前向きな姿勢が、遺伝子ＯＮにはとても有効なのです。

シフトを変えて

「筑波《つくば》大学という新しいアメリカ的な大学をつくる話があるから、帰ってこないか」

コーエン教授の勘違《かんちが》い、おとり物質との出会いなどの偶然が重なって、アメリカでようやく花が咲きはじめたときになって、ふたたび私に人生の転換期がやってきました。京都大学の恩師・満田《みつだ》久輝《ひさてる》先生から、そんな便りが舞いこんだのです。

当時、私は仕事も軌道《きどう》に乗り、アメリカでの永住権もとって、ナッシュビルに家を購入、長期滞在の覚悟を決めていました。レニンという酵素《こうそ》の純化に成功し、研究に自信を深めていた矢先のことです。

学園紛争の中で、当時、助手だった私は中心になって満田先生を追及した立場。しかも、あとを濁《にご》すように、中途のままアメリカに飛び立ってしまったのですから、先生からこころよく思われている道理もありませんでした。それでも、先生はなんのこだわりももっておられず、「若かったら、私だってあれくらいやったさ」とまで言ってくださいました。

その満田先生がわざわざ声をかけてくださったのですから、簡単に断るわけにはいきません。

また、私自身の心の中で、当分はともかくとしても、将来のアメリカでの生活のことを考えると、微妙な不安がきざしていたことも事実でした。なにしろ、実力一本槍《いっぽんやり》の競争社会です。レニン研究の功績が認められ、助教授になっていても、研究活動のきびしさは相変わらずでした。

きびしさが自分を成長させるための糧《かて》になることは事実です。でも、一生、そのプレッシャーの中で生きていくとなると……。

いろいろと考えているうちに、私の心は少しずつ日本にシフトし、結局、満田先生の呼びかけに応《こた》えさせていただくことに決めたのです。

一方、アメリカで蓄積《ちくせき》したすべてを捨てていくことにも、いささかの心残りがありました。二十代のころならいざ知らず、三十四歳でバンダービルト大学にやってきてから七年間、私も四十代に入り、世界に先がけてレニンの純化・精製に成功するという一応の研究成果もたずさえていたので、現実的な対応を考えざるをえませんでした。

「日本でダメだったなら、もう一度アメリカに戻ってくればいいさ」

そんな研究室の教授の言葉に甘え、バンダービルト大学にも籍《せき》を置きながら、筑波大学に赴任《ふにん》することを決めたのです。

ナッシュビルに買った千坪の土地つき住宅も、そのまま残しました。そして、一九七六年三月、私は妻をナッシュビルに置いたまま、単身、筑波へと向かったのでした。

行きつ戻りつ

研究学園都市といっても、当時の筑波は一面に田んぼが広がり、場違いな校舎がポツンと建っているだけ。まさか、ここにいまのような巨大な学園都市ができあがるとは、当時は想像もできませんでした。

「国際的な大学をつくる」とか「国立研究機関を集めて日本最大の頭脳都市にする」などと、景気のいい話ばかりを聞かされ、かなり意気込んで筑波にやってきた私でしたから、田んぼばかりの研究学園都市にはちょっとがっかりしてしまいました。

正直言って、現場を見もしないで買った土地が、あとで利用価値のない山林だったとわかる……そんな詐欺《さぎ》にでもあったような心境でした。

実際に政府の構想はそうしたもので、工事も進んでいましたが、私が着任したころはまだ草創期《そうそうき》、近くに食事をする店さえなかったくらいです。大学にはまともな実験室もできておらず、実験化学を専門とする私などには、研究の場がないも同然でした。

せっかく開花期にあったレニンの研究も先に進めることができず、危機感を抱いた私は、七月から十月にかけてバンダービルト大学へ戻り、その四ヵ月間でレニン研究を一年分やって、また筑波に舞い戻るというありさまでした。翌年も同じように二ヵ月間アメリカに行き、朝から晩まで研究に取り組みましたが、旅費は自腹《じばら》です。

三年目くらいから種々の研究所、機関が次々と建ち、大学の陣容《じんよう》も充実して、やっとアメリカに行かなくても研究ができる環境がととのってきました。みずからのレニン研究、学生たちへの講義、おまけに、大学の企画調査室員も引き受けて、私はふたたびあわただしい毎日を送るようになりました。

企画調査室というのは、大学の理念や教育・研究にかかわる運営などの改善について調査し、企画・立案、方向性を打ちだしていくとともに、大学運営全般に関して恒常的《こうじょうてき》にチェックしていく機関で、おそらく日本では筑波大学にしかないものです。

そして、一九八三年には、同室長に任ぜられてしまいました。企画調査室長は学長・副学長会議の正式のメンバーで、学内の重要な会議にはほとんど顔を出さなければなりません。研究との両立は、周囲の協力があったにしても、精神的にも物理的にもとてもたいへんなことでした。

しかし、私の中で、自分の研究もやりたい、理想の大学建設にも貢献《こうけん》したい……両方の気持ちが高まっていたので、倍のはたらきも乗り越えられたのだと思います。

私の「遺伝子発想」

ところで、企画調査室長になる少し前ごろから、大学では大学創立十周年の記念事業のことが話しあわれるようになりました。そんな折、十周年記念委員にも任ぜられていた私は、委員会の席上、こんな提案をしてしまいました。

「大学が世に問えるものは、教育か研究しかありません。教育の面でいろいろ新しい試みをしていても、その成果はそう簡単にあがるものではありませんが、研究は、三年ぐらいをメドに全力を傾注《けいちゅう》すれば、成果があがるはずです。そこで、大学のどの部門でもいいから、世界に問えるような研究成果を出したらどうでしょうか」

この提案は受け入れられ、全学で取り組むことに落ち着きましたが、私は提案者の一人として、絶対に自分の研究室から成果を出そうと決心しました。公言はしなかったけれど、学長にはこの決心を伝え、学長もおおいに喜んでくれました。

三年で世界に問える研究成果をあげると学長の前で宣言してしまった以上、もうあとには引けません。わざとそういう状況に自分を追いこむことで、遺伝子をＯＮにする――これこそ遺伝子発想です。

根が楽天的で、思いこみが激しく、向こう見ずで、おっちょこちょいのところがある……自分でもわかっていますが、それを欠点とは思っていないところが私の特徴です。欠点も欠点と思わなければ長所になります。

当時、研究室にいた三十人ほどの研究生、四年生、大学院生を前に、私は話しました。

「これからみんなで力を合わせれば、相当のことができるはずだ。うちの研究室にはホームランバッターはいないけれど、シングルヒットを打てるバッターはそろっている。とにかくまず一塁に出よう。三十人全員が一塁に出れば何点かは入る。そうすれば、ホームランを何本も打ったのと同じことになるじゃないか。わが筑波大学は国際的な大学になることを目指しているが、国際的な大学とは、国際的な研究業績が出せる大学のことだ。その業績をうちの研究室から出してみようじゃないか」

ホラでも大風呂敷《おおぶろしき》でもありません。心を一つにしてがんばれば、必ず三年で研究成果が出せると、私は心の底から信じきっていました。

三年と区切って取り組もうと考えた研究は、ヒト・レニンの構造解明です。

レニンは人体内で血圧の上昇に密接なかかわりをもつと言われていましたから、わかりやすく言えば、「人間はなぜ高血圧になるか」を解明するのが目的です。そこが解明できれば、多くの人を悩ませている高血圧の予防や治療に少なからぬ貢献ができるはずです。

世のため、人のためという利他主義も遺伝子ONの重要な契機《けいき》となりえると思っています。

熱意でことにあたるだけ

レニンはもともと腎臓《じんぞう》にあることが知られていましたが、私が筑波大に赴任した二年後の一九七八年、私どもの研究室の広瀬《ひろせ》茂久《しげひさ》博士（現・東京工業大学教授）らによって、脳の中にもレニンがあり、血圧上昇の系《けい》を形成しているらしいことが明らかにされました。

この問題はかなり以前から議論されていましたが、「脳にはレニンは存在しない」というのが学界の大勢でした。だから、状況証拠だけでいくら「脳の中にもレニンがある」と言っても、実際に脳の中から取りだして見せないことには誰も信用してくれません。そこで私たちは、脳レニンの正体を解明するため、レニンを完全に純化してみようと考えました。

脳にホルモンがつまった脳下垂体《のうかすいたい》という小さな袋があります。そこにレニンも存在するとの推定で、牛や豚の脳から取りだそうとしたのです。

レニンのはたらきの仕組みを知るには、純粋なレニンが最低でも一ミリグラム（一グラムの千分の一）は必要でした。しかし、レニンの含量《がんりょう》は超微量で、わずか一ミリグラムの純粋レニンを取りだすのに、ざっと計算したところ、牛の場合で三万～四万頭分の脳下垂体が必要と出ました。

三万～四万頭の牛は、いったいどこへ行ったら手に入るのか……。

なにも肉の卸売《おろしう》りとか、焼き肉屋の全国チェーンをはじめようというわけではありません。牛とか豚のボディ全部を必要とするわけではなく、頭の中の脳下垂体だけ手に入ればいいのです。それは親指の先ほどの大きさです。でも、生きた動物から、そこだけ摘出《てきしゅつ》するわけにはいきません。

それには、死んだ牛や豚が大量に保存されているところへ行けばいい。そんな場所は、食肉センターしかありません。

最初は地元の茨城県の豚をあたってみましたが、とても数がそろいません。そこで、日本一の過密都市である東京の食肉センターにねらいを定めました。

「牛の脳下垂体を四万頭分ください」

私はみずから芝浦《しばうら》の食肉センターに出向き、係の人に頼みました。しかし、そのおじさんはキツネにつままれたようにキョトンとしています。

あたりまえです。突然、見知らぬ男がやってきて、「脳下垂体」などという食肉業界とは無縁の専門用語を口走り、しかも、異様な目つきで、なにやら相当に思いつめた様子。なにかのオタクか、どこの変質者かと、思わず後ずさりしたくなったのも無理はなかったでしょう。

　私は必死で説明を試みましたが、なかなか真意が伝わりません。

「大学の先生だかなんだか知らないけど、そりゃ、無理だよ」

　やっとこちらの意図がわかってもらえたようですが、それでもハナから相手にしてもらえない。先方にしてみれば、レニンという言葉すら知りませんから、「大学の先生には常識はずれの奇人、変人が多いな」ぐらいにしか思われなかったのでしょう。

「おまえらみたいな変人につきあっているヒマはない」とばかりに、とりつく島もなく追い払われてしまいました。

　しかし、われわれの研究には、レニンが含まれている脳下垂体は絶対に不可欠の材料です。材料なくしては、なんの実験もできませんから、そこであきらめているわけにはいきません。私はその後も何回となく筑波から東京・芝浦に出向き、平身低頭《へいしんていとう》、バカの一つ覚えのように、「牛の脳下垂体を四万頭分ください」を繰り返しました。

　恥《はじ》も外聞《がいぶん》もない、完全に半バカの状態です。

　熱意をもってことにあたれば、一念岩をも徹《とお》す。はじめのうちはけんもほろろだった食肉センターのおじさんの対応もしだいにやわらかくなって、最後には破顔一笑《はがんいっしょう》。

「わかりましたよ、なんとかしましょう。大学の先生にこれだけ頭を下げられて断ったんじや、寝覚めが悪くていけねえや」

食肉センターでは脳下垂体のある部分を冷凍保存しておいてもらい、それを定期的にもらい受けにいくわけです。

「絶対にできる」と思いこむと

いよいよゴングが鳴って、研究室あげての牛の脳下垂体との格闘の開始です。

親指大の脳下垂体を半解凍にし、栗《くり》の渋皮《しぶかわ》をむくように皮を一つずつ取り除いてすりつぶしていくのは、とても根気のいる作業です。最初は研究の合間にやっていましたが、それではとうてい間にあわないので、学生たちに朝二時間ずつの早出《はやで》を頼みました。

「この皮さえむけば、世界的な仕事ができるんだ」

早起きは三文《さんもん》の得《とく》と言いますが、早出をしても時間外手当がつくわけではありません。彼らはいやがっていましたが、私はそう言って説得しました。

やる気を起こさせるためには、具体的な目的をもたせるのが有効な手段ですが、そんなかけ声も空々《そらぞら》しく響いたかもしれません。具体的どころか、それこそ雲をつかむような話で、本当はどうなるか、誰にもわからなかったのですから。

研究室はまるでホルモン焼き屋の調理場みたいになりました。冷凍された脳下垂体の皮をむくのは、とてもつらい作業です。それを、いつ果てるともなく繰り返さなければならないのです。

しかし、ボスが半バカの状態で入れこんでいては、部下としては協力しないわけにはいかないでしょう。リーダーが一抹《いちまつ》の疑念もなく、「絶対にできる」との強い思いこみをもっていれば、周囲もその気になっていきます。

実験の現場は、いわばナイト・サイエンスの世界です。ここでは、意外と主観的な思いこみが大きな力を発揮するものです。「絶対できる」という主観的思いこみがなかったなら、行動のエネルギーなんて湧《わ》いてこないでしょう。

挫《ざ》折《せつ》や失敗とは、それを意識したときからはじまります。いくらうまくいかなくても、あきらめないでいるかぎりは、挫折にも失敗にもなりません。先にあるのは、輝かしい成功だけです。そこに到達する前にやめてしまうから、失敗に終わるのです。ここまで楽天的になれるのも、遺伝子ONのなせる業《わざ》。

やがて、研究員の多くが朝七時ごろ出てきてくれるようになりました。約半年間、私たちは明けても暮れても牛の脳下垂体の皮むきに取り組みましたが、そうやってみんなで作業をしているうちに、単調な作業にもしだいに慣れてきて、おしゃべりしながら、けっこう楽しんでやれるようになりました。どことなく、漁村のおかみさんたちが海辺で車座《くるまざ》になって牡《か》蠣《き》の殻《から》むきをしているような、なごやかな情景でした。

その様子に力を得て、私の遺伝子はますます全開、話もどんどんエスカレートします。

「これが高血圧の特効薬の開発につながるかもしれないぞ。ひょっとすると何十億円の特許料が転がりこんでくるかもしれない。そのときはクイーンエリザベス号を借りきって、全員で世界旅行だ」

とんだお調子者と思われるかもしれませんが、これも自分の長所の一つだと思っています。

不思議なもので、人がわくわくしながらやっていると、ほかの人もやりたくなるようで、学内の医者や大学院生も、最後のころになると、別の用事でやってきた人、ただ廊下を通りかかっただけの人までが皮むき作業を手伝ってくれるようになりました。

手弁当で世界初の快挙

こうしてわれわれが皮をむいた牛の脳下垂体は、全部で三万五千個!

これだけの数になると、脳下垂体を提供してくれた牛のどこかしらの肉が調理され、めぐりめぐって私の体内に入っていたかもしれません。とんだ罰当《ばちあ》たりなことですが、これも知らぬが仏《ほとけ》です。

脳下垂体は一個が一・五グラムほどですから、全体で五十キロくらいの重さになりました。これを凍結乾燥し粉末にするのは、ちょうどインスタントコーヒーのつくり方と同じです。そこから当初の目論見《もくろみ》どおり、レニンを取りだすことに成功したのです。

大詰《おおづ》めを迎えた最後の一週間は、スタッフは室温四度の低温室で徹夜に近いがんばりを見せました。まさに火事場のバカ力そのものです。

最終段階で失敗したら、それまでの苦労は水の泡《あわ》。純化する実験は一回しかできませんから、本番にそなえて何度も予備実験を行いました。そして、絶対に大丈夫という強い自信をもって、最後の純化実験に臨《のぞ》んだのです。

世界初の快挙でした。

われわれのうれしさは、たとえようもありませんでした。みんなで力を合わせて取り組んできたからこそ、全員が分かちあえる栄誉《えいよ》を手にすることができたのです。

さて、ここまではいいのですが、問題はとれた量でした。これだけ苦労して、わずか〇・五ミリグラム。一グラムの二千分の一にすぎませんでした。濃縮倍率はなんと二百万倍。

肉眼でも見えないほどの微量でしたが、それでも、脳のレニンを純化できたことだけは間違いありません。さっそく、この画期的《かっきてき》な成果をドイツのハイデルベルクで開かれた国際高血圧学会で発表しました。

これは、世界の高血圧を研究する学者が二年に一度集まる国際学会です。ふつうの学会は小さな会場に分かれて行う分科会方式ですが、この学会は千人くらい収容できる大会場で発表を行います。発表者は百人の応募で一人か二人くらいしか選ばれません。それほどの狭《せま》き門ですが、光栄なことに、私にそこで発表する機会が与えられたのです。

二百万倍の超高倍率（これも世界一）の難関《なんかん》を突破して〇・五ミリグラムの純粋レニンを取りだすことに成功したと発表すると、期せずして千人を超える世界中の研究者たちから大きな拍手《はくしゅ》が湧き起こりました。これで、脳にレニンがあるかないかという二十年来の論争に決着をつけることができたのですから。

これこそ学者冥利《みようり》につきる出来事。降壇《こうだん》するとき、私は涙を抑えることができませんでした。

学会のあとのレセプションのとき、外国の学者たちが私のところに寄ってきて、「おめでとう」を言ってくれました。ただ、そのときに、口々にこんなことを言うのです。

「日本も経済大国になってよかったな」

「はっ？」

はじめはどうしてそんなことを言われるのかわかりませんでした。

「三万五千頭分の脳下垂体はアメリカから輸入したんでしょう。いったい、いくらかかった？」

そう聞かれて、やっと事態が飲みこめました。外国の人たちは私たちが脳下垂体の必要な部分だけを莫大《ばくだい》な金額でアメリカから購入したと思っていたらしいのです。

そこで私は誇《ほこ》らしげに真実を話しました。

「あれは輸入なんかじゃありません。東京の食肉センターで分けてもらったんです。そして、私も大学院生も、医者も学生も、私の妻も、関係ない人も、みんなが手弁当で一緒に皮をむいたんですよ」

そう説明すると、みんなはとても驚いた様子でした。いや、あきれはてていたと言ったほうがいいかもしれません。

このとき、私は「ドクター三万五千頭」というニックネームをたまわりました。私にとっては、じつに名誉《めいよ》ある称号《しょうごう》です。

それにしても、レニンが脳にも存在することがわかっただけで、脳でどんな仕事をしているのかは見当もつきません。しかも、私たちが純化に成功したのは牛のレニンであって、ヒト・レニンではなく、ヒト・レニンの構造解明という目標からすれば、ここまではほんの序の口にすぎません。

良寛さんの発想

私がよく引用する良寛《りょうかん》さんの逸話《いつわ》があります。

良寛さんが渡し舟に乗って川を渡っているとき、川のまん中で船頭《せんどう》がいたずら心を起こし、舟をグラグラとゆらしました。良寛さんはいつ、どんなときも、「けっこう、けっこう」とニコニコしているだけで、けっして怒ることがない。そこで船頭はわざとひどいことをして、怒らせてやろうとしたのです。

船頭が舟をゆらしたせいで、良寛さんはバランスを失い、川に落ちてしまいました。ずぶ濡《ぬ》れどころか、良寛さんは泳ぎがまったく不得手《ふえて》、たちまち溺《おぼ》れてしまいました。

そのままでは死んでしまいそうなので、船頭もびっくりして、バタバタする良寛さんを舟に助けあげました。

もとは船頭にわざと落とされたのですから、いくらお人好しの良寛さんだって、「おまえ、ひどいじゃないか」くらいのことは言ってもいいはずです。

ところが、良寛さんは頭をペコペコさせて、「いや、ありがとう、ありがとう。まったく、あんたが助けてくれなきゃ、私は死ぬところだったよ。あんたは命の恩人じゃ」。

これには、船頭もあきれはててしまいました。

それにしても、川に落とされながら、落とした張本人《ちょうほんにん》にお礼を言う良寛さんの態度を、どう解釈したらいいのでしょうか。

偉大な発明、発見をした人のエピソードにも、似たようなものがたくさんあります。「大賢《たいけん》は愚《ぐ》なるがごとし」――非常に賢《かしこ》い人は、一見、愚《おろ》かな人のように見えるという意味です。あるいは、「大愚は大賢に通ず」とも言います。

ほんとうに器《うつわ》の大きな人物は、ときに半バカのように見えることがあるものです。大愚とは、プラス思考の典型と言えるのではないでしょうか。

いかに良寛さんがぼんやりしていたとしても、自分がどんな経過で川に落ちたかはわかるはずです。ふつうの人ならおおいに怒るところですが、良寛さんは船頭のよいところだけを見て、命の恩人として感謝したわけです。

大愚は禅《ぜん》で言う悟《さと》りの境地《きょうち》にも似て、凡人《ぼんじん》にはなかなか到達できるものではありませんが、プラス思考の訓練をすることで、そうした境地に近づくことは可能ではないでしょうか。

偉大な発明家や発見者は、自分の専門分野では徹底したプラス思考を貫《つらぬ》きますが、常識ではとうてい考えられないことを主張し、それを実践するわけですから、実験に成功するまでは、周囲からは愚者あつかいされることが少なくありません。

しかし、常識的な思考にしたがっていたら、大発見や大発明に通じる実験をしてみる気も起こらないでしょう。遺伝子は眠ったままです。

失敗を恐れることなく、半バカと思われるほどプラス思考を貫いてこそ、遺伝子をONの状態にして、成功を手にすることができるのです。

もちろん、ほんもののバカでは困りますけれども。

第五章　ピンチを逆手《さかて》に

そうかもしれないし、そうでないかもしれない……。

しょせん、先のことは誰にもわからないものです。

それでいて、先のことを考えるとき、人はなぜかものごとを悪いほうに悪いほうにと考えがちです。

その結果、「やはりダメだったか」とか、「だから、このへんでやめておこう」と、みずから失敗や挫折《ざせつ》の道を選んでしまうのです。

これは、人間が基本的に保守的な動物だからだと思われます。生きていくうえでは、そのほうが安全だからです。遺伝子の初期設定の基本は、身の安全の確保です。

集中力の爆発的パワー

研究でも、仕事でも、眠っている好ましい遺伝子をONにしたかったなら、いま自分がやっていることに、とことん集中すべきでしょう。「あれも、これも」ではなく、「これだけ」です。あれこれ思っていると、遺伝子は目覚める機会を失って、どれもダメになってしまいます。周囲の雑音に耳を傾けてばかりいると、自分の存在さえ見失ってしまいます。

なにかに集中しているときは、時間のたつのも忘れると言いますが、新しい遺伝子の目覚めで、時間の観念が違ってくるからだと思います。半年にもおよぶ牛の脳下垂体《のうかすいたい》の皮むき作業も、あとから思えば、あっというまに過ぎ去ってしまったような気がしています。

また、一つの対象に集中していると、ナポレオンばりに一日四時間くらいの睡眠が続いても、あまり苦痛を感じなくなり、むしろ、頭が研《と》ぎ澄《す》まされて、冴《さ》えてきます。そういうときには、免疫力《めんえきりょく》が強くなっているので、風邪《かぜ》もめったにひきません。もちろん限度がありますが、思わぬ力を発揮するのは、そういうときです。

寝食を忘れて集中できる対象をもった人は、しあわせです。そして、そういうものにめぐりあえるチャンスは、誰にでもあります。天才と凡才《ぼんさい》の差は、遺伝子暗号から見れば誤差《ごさ》の範囲程度でしかないのですから。

ただし、目の前のことに集中するといっても、目先のことにとらわれて視野を狭《せま》くするという意味ではありません。一つのことに集中していると、雑多の情報の渦《うず》の中から、そのときの自分にとって必要な情報だけが見えてくるものです。だから、むしろ視野の有効範囲が広くなります。

打開策が見いだされてくるとき

脳のレニンの純化に世界ではじめて成功したとはいえ、私たちのヒト・レニンの構造の解明という研究は、大きな壁にぶち当たりました。

三万五千頭もの牛からわずか〇・五ミリグラムしか採取できないし、それに、いくら動物のレニンを研究しても、ヒト・レニンの実体は解明できません。ほかの動物と人間のレニンでは、免疫的にまったく違うからです。牛のレニンのはたらきがいくら解明されても、最終的にヒトの臨床《りんしょう》には応用できないのです。

では、人間の脳の中のレニンを集めることができるかといえば、そのときの私たちには実現の見込みはまったくありませんでした。いくらものわかった食肉センターのおじさんに頼んでも……。

牛の脳下垂体から〇・五ミリグラムの純粋レニンを取りだしたところで、私たちの研究は終わってしまうのかと思うと、大きな重圧を感じずにはいられませんでした。しかし、ここであきらめたら、みずからを挫折に追いこむだけです。

そんなとき、先のことなど考えず、いま目の前に横たわっている問題だけを、心を集中させてじっと見つめていると、なにかしらの打開策《だかいさく》が見いだされてくるものです。とても不思議なことですが、むしろ向こうからやってきてくれるような気さえします。鴨《かも》がネギを背負ってくるみたいに。

じつは、本当は打開策があるのに、雑音に気をとられ、よけいなことばかりを考えているから、それが視界に入ってこないだけなのかもしれません。集中し、神経が研ぎ澄まされていると、なにが自分にとって役立つことなのか、直感的にわかるようになるものです。

ちょうどそのころ、多くの人々を興奮させるニュースが世界を駆けめぐりました。

それまで、人体からしか抽出《ちゅうしゅつ》できなかった糖尿病《とうにょうびょう》の薬であるヒト・インシュリンが、大腸菌の中でつくることができるようになったというのです。しかも、この技術は日本でもすぐに実用段階に入りました。

これは、夢のような技術で、この分野は一般に遺伝子工学と呼ばれるようになりました。しかし、このようなニュースも、他人事としてしか見ていなければ、「すごいなあ。うらやましいなあ」と思うだけで終わってしまいます。

こうした画期的《かっきてき》なニュースや情報に接したときに、直感的に「これだ！」と感じることが大事なのです。そして、それができるのは、そのための遺伝子がＯＮになっている必要があります。

「ヒト・インシュリンが大腸菌の中でつくれるなら、ヒト・レニンだってつくれるんじゃないのか」

まさに直感でした。もちろん、完全なる素人考《しろうとかんが》えです。なにしろ、私たちの研究室には、遺伝子工学に関する知識の持ち主など一人もいなかったのですから。未知の分野の技術の導入なんて、これこそ夢のまた夢のような話でした。

その一方で、なにかやらなければ、どうしようもない——私たちの研究はそんな閉塞状態《へいそく》におちいっていましたから、こうなったら破れかぶれです。もはや、大腸菌さまにおすがりするしか方途《ほうと》は見いだせなかったのです。私はすでに、「これだ！」と思いこんでしまっていました。

できるかできないかは二の次にして、無鉄砲《むてっぽう》かもしれないけれど、遺伝子工学に取り組んでみよう——スタッフとの話しあいの末、私はついに決断したのです。

素人にしかできない、いや、素人だからこそできる決断を。

最先端の現場で直面したこと

もちろん、無知のまま進めることは不可能です。まず、遺伝子工学の現状を知るために、アメリカとヨーロッパに調査に出かけました。一般に、新しい仕事をスタートさせるときには、その分野に関する文献《ぶんけん》を徹底的に調査しますが、遺伝子工学の分野は日進月歩《にっしんげっぽ》で、本や文献などを集めていたのではとても間にあいません。直接、世界の最先端《さいせんたん》の現場に行って確かめるのがなにより近道です。

この欧米での調査の結果、私たちは次の二つの目標を立てました。

・大腸菌を用いて大量にヒト・レニンを製造する。

・この技術を用いて、動物やヒトのレニンの遺伝情報を解読することにより、レニンの基本構造を明らかにする。

この二つの目標を達成するため、実験を二つのステップに分けました。まず、動物を用いて徹底的に予備実験をする。次に、その経験と成果に基づいて、ヒトの材料に進む。

まず、マウスの多くの遺伝子の中から、苦労してレニンに関連する遺伝子だけを選びだし、その情報を解読しようと試みました。ところが、その矢先に、フランスのパスツール研究所のグループが、私たちとまったく同じ方法で、ハツカネズミ・レニンの全遺伝子の暗号を解読し、イギリスの有名な科学雑誌に発表したのです。

パスツール研究所はこの分野の研究では大御所《おおごしょ》的存在ですが、そこだけではなく、アメリカのハーバード大学など多くのグループが、同じような研究でしのぎをけずっていることが判明しました。これには大きな衝撃を受けました。相手は横綱《よこづな》クラス、尋常《じんじょう》なやり方では、前頭格《まえがしらかく》の私たちに勝つチャンスはありません。

でも、ここでくじけたら、おしまいです。しかも、ボスである私が沈んでいては、グループ全体の士気《しき》は上がりません。負けたとはいっても、ハツカネズミのレニンでのこと。相手がまだハツカネズミの段階なら、本命《ほんめい》であるヒト・レニンのほうはまだだろう――そう推察して、私たちは気持ちを新たに、一挙に第二段階につき進みました。

しかし、動物の場合と比べ、はるかに困難です。なにより、レニン含量《がんりょう》の多い摘出《てきしゅつ》直後の新鮮なヒトの腎臓《じんぞう》が必要です。しかし、これはめったに手に入るものではありません。

懸命に実験を繰り返しましたが、いっこうに成果はあがりません。そうこうしているうちに、三年と区切った筑波大学創立十周年の日まで、残すところわずかになってきました。

気ばかりがあせりましたが、どうにもなりません。そのうちに、非公式ですが、先発のパスツール研究所とハーバード大学で、すでにヒト・レニンの遺伝子の暗号の八割がたを読み取っているという情報が入ってきました。倒れかかっているところを、さらにうしろからどつかれたような気分です。

その情報を確かめてみようと、学会出席のためドイツに行く途次《とじ》、パリのパスツール研究所に立ち寄ってみました。やはり、噂《うわさ》は本当のようでした。しかも、こんなきつい厭味《いやみ》まで言われるありさまです。

「まあ、あなたがたがいまから追いかけてもとても無理でしょうから、サルでやったらどうですか。サルならまだどこもやっていないはずだから。アハハ……」

ヒト遺伝子が解読されたあとで、サルでは……。でも、横綱が八割がた終えているのに、こちらはまだ材料探しの段階です。いくら楽天的な私でも、このときばかりは、「これはダメかな」と思わざるをえませんでした。

勝負は最後まであきらめない

私は暗い気持ち、重い足どりで、学会に出席するためにパリからドイツのハイデルベルクに飛びました。そして、学生街の酒場で一人寂しくビールを飲んでいたときのことです。

「おや、こんなところで会うとは、めずらしいですね」

背後から日本語の声がかかりました。ふと振り返ると、京都大学の中西重忠《なかにししげただ》教授が立っていました。中西教授は遺伝子工学の分野では世界的に知られた新進気鋭の学者でしたが、個人的なおつきあいはなく、顔見知り程度の間柄《あいだがら》にすぎません。しかし、異国の地で出会えば、急に親しみが湧《わ》いてきます。

ふだんの私らしくなく弱気の虫にとりつかれ、すっかり落ちこんでいた私は、酔いも手伝って、誰かをつかまえてグチの一つもこぼしたいところ。中西教授に事情を話し、そのときの自分の苦境をため息交《ま》じりに訴えました。

「今度という今度は、パスツールに完全にやられちゃいましてね、まいりました」

すると、中西教授は意外なことを言われました。

「暗号を読んだといっても、まだ八割程度でしょう。だったら、まだわからないじゃないですか」

です。たんなる偶然とか幸運というには、あまりにも都合よくできすぎている感じがします。

「よかったら、うちの研究室が協力してあげますよ」

学会があったとはいえ、ハイデルベルクの街の小さなカフェバーで、遺伝子工学の分野では日本でも指折りの研究者とどうして出会えたのか、考えてみればじつに不思議な〝事件〟です。たんなる偶然とか幸運というには、あまりにも都合よくできすぎている感じがします。

遺伝子工学の分野では、中西教授は私たちのような素人ではなく、プロ中のプロ。酸《す》いも甘いも知《ち》悉《しっ》しているプロなら、私たちの無《む》鉄《てっ》砲《ぽう》さに眉《まゆ》をひそめて、「やはり、やめておいたほうがいい」とでも言いそうなところですが、なんと教授は私以上のプラス思考で、援助まで申し出てくれたのです。

「勝負は最後まであきらめたらダメですよ。私が全面的に応援するから、がんばってみたらどうですか。材料と学生たちを京大の研究室に丸ごと移しなさい。私が見てあげるから」

降って湧いたような僥倖《ぎょうこう》――。中西教授が応援してくれれば、まさに鬼《おに》に金棒《かなぼう》、万軍の味方を得たようなものです。げんきんなもので、私はすっかり元気を取り戻し、残りの予定をすべてキャンセルして、飛び跳《は》ねるような勢いで帰国の途《と》につきました。

なぜ世界初の成果を出せたのか

気持ちが落ちこんでいると悪いことばかりが重なるけれど、気持ちが好転してプラスに振れると、今度はいいことばかりが重なるものです。自分の遺伝子ONは、周囲に伝染するのかもしれません。

日本に帰ると、思いがけない朗報《ろうほう》が待っていました。

以前、私たちの研究室に国内留学した経験のある医師が、あちこちの大学病院に「レニン含量の高い腎臓の摘出手術があったらすぐ連絡してほしい」と声をかけておいてくれたのですが、そのおかげで、東北大学から電話がかかってきて、「明日、摘出手術が一件あるから、すぐに取りにきてください」。

夜中になっていましたが、スタッフがドライアイスを用意し、筑波から仙台まで押《お》っ取《と》り刀《がたな》でつっ走りました。

ある種の病気にかかると、腎臓中のレニンが急増することがあります。このときに入手できた腎臓には、通常の十倍量のレニンが含まれていました。病気にかかった人には申しわけないけれど、私たちにとっては願ってもない幸運でした。そして、貴重な腎臓を提供してくださった方に報《むく》いるためにも、なんとしてもきちんとした成果をあげる必要がありました。

提供された腎臓二十グラムから筑波でつくったヒトの遺伝子バンクとともに、四人の学生を京大の中西教授のもとへ送って、二手に分かれて遺伝子情報読み取り作業にかかりました。

パスツール研究所という強敵がゴールの目前に迫《せま》っている段階でのスタートです。一刻《いっこく》の猶予《ゆうよ》も許されません。大学院生は寝袋持参で研究室に泊まりこみました。スタッフはまさに不眠不休でがんばりました。世界的な大発見にかかわることができるかもしれないという興奮で、眠ってなどいられなかったのです。十キロも体重が減る者が出たほどでしたが、みんないたって健康でした。

こうした猛然《もうぜん》たる追いこみによって、筑波大学十周年の記念日を三ヵ月後にひかえた一九八三年夏、とうとう私たちが暗号を読み終えたときには、パスツール研究所はまだ読み取りが終わっていませんでした。私たちは、先行するパスツール研究所を追い抜いて、世界ではじめてヒト・レニンの全遺伝子暗号を読み取ることに成功したのです。ドン亀が先行するウサギに勝ったのです。

中西教授は別にして、私たちのグループの一人一人はけっしてぬきんでた頭脳をもっていたわけではありません。実力から言えば、私たちよりはるかに上の研究所が世界にはたくさんありました。それにもかかわらず、世界ではじめての画期的な成果をあげることができたのは、雑音をものともせず、全員が一丸《いちがん》となって、目の前の一つのことに集中した結果だったと思います。

このような通常では考えられない力を発揮できたのも、時間に迫られ、睡眠時間をけずられるという窮状《きゅうじょう》の中で、眠っていた遺伝子がONになったからなのです。

この成果には学長もたいそう喜んで、これを筑波大学十周年記念の目玉の一つにすることになり、筑波大学で共同記者会見を行いました。私たちのレニン研究が世界に問えるものとなり、筑波大学創立十周年に大きな花を添えることができたのです。

素人発想から出たこと

私たちのレニン研究は世に問えるものとなりましたが、最初のわれわれの目標がまだ達成されたわけではありません。これを飛躍台《ひやくだい》にして、ふたたび三年を設定し、ヒト・レニンを遺伝子工学で大量につくりだすことへの挑戦を開始しました。

この研究と並行して、解明されたヒト・レニンの基本構造をもとに、レニンの分子立体モデルを組み立てる作業に入りました。このときも、不思議に援助してくださる人があらわれました。ノーベル化学賞を受賞された福井謙一《ふくいけんいち》博士の弟子の梅山秀明《うめやまひであき》博士です。

ヒト・レニンは三百四十個のアミノ酸が結合した高分子ですが、分子立体モデルを組み立てるには、各構成分子間の結合の度合い、距離などが正確に計測されなければなりません。それには、進歩いちじるしいコンピュータが大きな力を発揮しました。

作業は順調に進み、一九八五年三月に幕を開けた「科学万博——つくば'85」のエキスポセンターでの政府特別展に、筑波大学を代表して私たちのヒト・レニン分子立体モデルが出品されました。実際の長さの一億倍で組み立てられたこの分子立体モデルは、もちろん、世界ではじめてのものでした。

私たちはいよいよ大腸菌にヒト・レニンをつくらせる研究に取りかかりました。

アメリカで製品化されて話題を呼んだ、腎臓から取りだした純粋レニンは、一ミリグラムで七千万円もしていました。一グラムにすると、なんと七百億円。

こんな天文学的な値がついてしまう純粋レニンを、大腸菌工場で大量生産できるようになれば、さらに研究が急速に進んで、どれだけ人類に貢献《こうけん》できるかはかり知れません。私たちは、過去三年間でつちかった遺伝子組み換え技術を全面的に取り入れることによって、大腸菌にヒト・レニンをつくらせる実験に取りかかりました。

そして、それにも世界ではじめて成功したのは、科学万博政府特別展にレニンの立体モデルを展示してからわずか三ヵ月後のことでした。

このときにはすでに遺伝子工学のテクノロジーをマスターしていましたが、もとはといえば、完全なる素人発想から出たことでした。

病気の予防や治療につながる

私たちの身体は、大人になると子どものときほど成長しなくなります。しかし、外見はそうでも、内部では猛スピードで新旧の細胞の入れ替えが行われています。

たとえば、成人の赤血球は一日に数千億も壊《こわ》れ、それとほぼ同数の新しい赤血球が生まれています。腎臓や肝臓のタンパク質もすごい速度で分解され、また再生されています。

私たちの体内では、こうした代謝《たいしゃ》、合成と分解反応が次々に起こっていますが、それは遺伝子のプログラムどおりに酵素《こうそ》がはたらいているからです。

私たちがもっている自然治癒力《ちゆりょく》も、遺伝子の中にはじめからそのようなプログラムが書かれているからだと思われます。

ガンをはじめとするさまざまな病気にも、遺伝子のはたらきが大きく関係しています。

細胞というのは、ある程度の数まで増えると、そこで分裂が停止するようになっています。心臓とか胃などの細胞数や大きさはだいたい決まっています。ところが、遺伝子のはたらきがおかしくなると、細胞分裂に歯止めがきかなくなって、異常な増殖《ぞうしょく》が起こります。これがガンという病気の基本的なメカニズムです。

生まれつきアミノ酸を指す三つの塩基《えんき》文字のうちの一文字が抜け落ちていたり、別の文字になっていたりする設計図の異変が原因ですが、その正常でない遺伝子は、生まれたときには作動していなかったのに、ストレスとか外的刺激といった環境の変化によってスイッチが入ってしまうと、それがガンや糖尿病などさまざまな病気の引き金になるわけです。つまり、病気とは、DNAのはたらきがバランスを失って恒常性《こうじようせい》を保てなくなり、病気の因子をもっていた遺伝子のはたらきがONになることを言うのです。

いまでは、高血圧も、糖尿病も、ほとんどの病気に遺伝子が関係していたり、もしくは原因になっていたりしていることがわかっています。

遺伝子工学の技術は、こうした設計図の異常に対応するための手段として、大きな可能性を秘《ひ》めています。「遺伝だからしかたがない」という時代は過ぎ去ろうとしています。たとえば、大腸菌の細胞内でヒト・レニンを大量に生産できるようになれば、さらに構造や血圧を上昇させるメカニズムの解明が進み、また、それを薬として使うことで、高血圧の予防や治癒も可能になるでしょう。

半年間、朝から晩まで、牛の脳下垂体の皮むきと取り組んだことが、やがてはこういうところにつながってくるのです。

デイ・サイエンスでは絶対に語られることがないところで、一見、無駄と思われるようなことに一心不乱に没頭《ぼっとう》して、その中から世界的な大発見や大発明が生まれてくるものなのです。

遺伝子の目覚めをさまたげるもの

偉大な天才の伝記などを読んでいると、よく、あるときパッとひらめいた、というようなエピソードが紹介されています。しかし、それも、一つのことを寝ても覚めても考えているという前提があってはじめてひらめきが起こるのです。

寝ても覚めてもと言っても、そのことを意識しているうちはまだほんものではありません。無意識のうちにそのことを考える段階に達したとき、なんの前ぶれもなく、パッとひらめくのです。

常識にしばられない自《じ》由《ゆう》闊《かっ》達《たつ》さも大切です。これは、素人発想に通じるものがあります。ときとして、なにものにも規制されない子どものナイーブな感覚に驚かされることがありますが、それと似ています。

私たちは大人になるにつれて、さまざまな知識を身につけますが、それはほとんど常識と呼ばれる範囲にとどまるもので、これでは遺伝子はますます保守的になって、目覚めることはなくなるでしょう。

アメリカの心理学者アブラハム・マスローは、人間の可能性を阻《そ》害《がい》する要因として、次の六つをあげています。

・いたずらに安定を求める気持ち
・つらいことを避けようとする態度
・現状維持の気持ち
・勇気の欠如《けつじょ》
・本能的欲求の抑制
・成長への意欲の欠如

これらはいずれも遺伝子の目覚めを阻害する要因と考えてもいいでしょう。

いつも常識を旨《むね》としていれば、トラブルの少ない人生を送ることができるかもしれません。しかし、自分の中にひそんでいる才能を引きだすのは、むずかしいでしょう。

もちろん、社会生活を送るうえで、常識は大切です。ただ、自分の仕事への姿勢とか人生に対する態度が、常識の範囲内だけにとどまるようでは、人にぬきんでた創造性を発揮することはできません。

好ましい遺伝子をONにして生きるには、自由闊達さを失わず、熱中し、持続する気持ちや姿勢が必要です。

ライバルの存在を生かす

競争に勝たなければ生き残れないという社会は、よけいな緊張や無駄を生んでいることが少なくありません。私が一生アメリカで暮らすことにかすかな不安を覚えたのも、そのことが引っかかったからでした。

ただ、きびしい自由競争が活力と進歩を生みだすのも事実で、経済や科学技術におけるアメリカの繁栄《はんえい》はその賜物《たまもの》といっていいでしょう。

そうした競争環境の中で必ず出てくるのが、ライバルの存在です。

私は、人生において、自分にやる気を起こさせてくれたり、能力を高めるきっかけを与えてくれたりする要因として、ライバルをむしろ必要なものと考えています。

ライバルが存在するから、少しでもそれより先へ行ってやろうと懸命に励《はげ》み、それによって、集中力が高められ、結果的に新しい成果に結びついていきます。競技の世界でも、経済や学問の世界でも、ライバルが存在しなければ、その進歩は大幅に遅れてしまうでしょう。

ライバルは日本語では「好敵手《こうてきしゅ》」と言いますが、ライバルは敵なのでしょうか。

ライバルは存在したほうがいいが、敵はいないほうがいいと誰もが考えます。とくに西洋では、敵は滅ぼすべき存在と位置づけられます。イスラム教社会でも同じような考え方をします。自分が正しければ相手をたたきつぶしてかまわない、と。

砂漠で生まれた西洋の神さまの考え方は、ラジカル（過激）なのが特徴です。だから、キリスト教とイスラム教は敵対するのです。

それに対して東洋では、西洋に比べればかなり穏《おだ》やかで、「ほんとうの敵は自分の中にある」という考え方をします。私は、「ライバルはあるけれども、敵はいない。いたとしても味方にできる」と考えています。

将棋《しょうぎ》というゲームを考えてください。チェスなど、同じように盤上《ばんじょう》で駒《こま》を動かして競《きそ》うゲームは世界中にありますが、相手から奪った駒を味方として再活用できるのは、日本の将棋だけではないでしょうか。

敵だからたたきつぶすという考え方はしないほうがいい。むしろ、「いまは敵でも、いつか必ず味方にするぞ」と思うことです。その存在が自分の励みになれば、遺伝子ONの契機《けいき》となって、自分の利益につながります。

無限に近い力が眠っているはず

遺伝子に書かれていないことは、どんな天才にもできません。しかし、遺伝子に書かれていることなら、どんな凡人にも可能です。その潜在《せんざい》能力を、なんらかのきっかけでONにすることができるなら。そして、その可能性は、誰もが等しくもっています。

私たちの能力とは、新しく身につけるものというより、もともともっているもので、問題は、それをいかに目覚めさせるかだと思います。

人間の遺伝情報には、まだ九〇～九七パーセントもの不明部分があるのだから、どんな潜在能力が眠っているか、想像もできません。無限に近い力が、私たちの内部には眠っているはずです。

少なくとも、私たちが頭で「こうであればいいのに」とか、「こうあってほしい」と考える範囲のことは、ほとんどが可能になると思います。

環境の変化や外からの刺激だけでなく、心のもち方や精神的な作用によっても、眠っていた遺伝子を目覚めさせることができます。

第六章　究極のプラス発想！

ON・OFFを思いどおりに!?

大きな精神的ショックを受けて、一晩で頭髪がまっ白になってしまったとか、部分的に髪の毛が抜けてしまうということがあります。これらは明らかに遺伝子の影響によるものです。

遺伝子は一秒の休みもなく髪の毛になるタンパク質をつくりつづけるよう指令を出していますが、それがいっせいに白くなるのは、髪の毛に色素を供給する遺伝子がOFFになったことを意味します。

あるいは、高齢になったときに出てきてはたらくはずだった老化用の遺伝子が、にわかにONになったとも考えられますが、いずれにせよ、遺伝子の影響は否定できません。

このように遺伝子には、ONにしたほうがいい遺伝子と、OFFにしたほうがいい遺伝子があります。好ましい遺伝子をONにし、都合の悪い遺伝子をOFFにすることができれば理想ですが、その最大の秘訣《ひけつ》は、ものごとをいつもいいほうに、いいほうにと考えることです。つまりプラス発想がとても大事になってきます。

先に良寛さんのエピソードを紹介しましたが、彼は船頭《せんどう》に川から助けあげられて感謝します。川に落ちる原因をつくったのは船頭です、それも故意に。ちょっとしたいたずら心とはいえ、悪意があります。

ところが、良寛さんは船頭の悪い面には目もくれず、いい面ばかりを見て、助けられたことを本心から感謝しているわけです。これはまさに、究極的なプラス発想と言えるでしょう。

「でたらめ」減少のメカニズム

ものごとや出来事にはいいことも悪いこともあって、いつもプラス発想ばかりしていられないのが現状ですが、なぜプラス発想が好ましいのでしょうか。

洗面器に水を張って、インクを一滴落とすと、インクは拡散します。けっして凝集《ぎょうしゅう》しません。「覆水盆《ふくすいぼん》に返らず」という諺《ことわざ》がありますが、そのままの状態では、インクをもとの状態に戻すことはできません。物質の世界では、一般に秩序のあるものは、秩序のないものへと向かう性質があるからです。これをエントロピーの法則と言います。

エントロピーとはもともと熱力学における複雑さの度合いをあらわす概念ですが、物質全般についても、さらには、社会的傾向、人間の精神性についても使われたりします。

人間の身体も物質で成り立っていますから、この法則が当てはまります。つまり、人間は生まれた瞬間から崩壊《ほうかい》（死）に向かいますが、これは、体内に秩序のない方向へ踏みだすような遺伝子が存在しているとしか考えられません。事実、遺伝子には細胞死のプログラムもそなわっています。

遺伝子の世界はペアの概念に満ちていて、生の反対概念である死も、生のペアとして、はじめから遺伝子の中にプログラムされています。それが「アポトーシス」と呼ばれる現象です。

アポトーシスとは細胞の自殺を意味します。遺伝子には次々に細胞を生みだすための情報だけでなく、反対に、不要になった細胞を死に追いこむための情報もプログラムされているのです。

セミのような変態をする動物は、幼虫と成虫とでは、外見だけでなく、器官のはたらきまでまったく異なってしまう場合があります。幼虫のときに桑《くわ》の葉を食べて糸を吐《は》きだしていたカイコは、さなぎになった時点で、幼虫時代の消化管や繭糸《まゆいと》を出す蚕糸《さんし》管《かん》などが跡形もなくなっています。成長につれて不要になった組織や器官の細胞が、遺伝子に書かれたプログラムどおりに、みずから壊れる、つまり自殺するからです。

オタマジャクシのしっぽがカエルになるとまったく姿を消してしまうのも、アポトーシスに由来しています。

もちろん、やみくもに細胞に死を促《うなが》すわけではなく、全体の組織が正常に成長していくために、役割を終えて不要になった部分がスムーズに消えていけるよう、遺伝子が仕組んだ、いわば計画死なのです。

遺伝子は細胞の誕生、生産だけでなく、その死までプログラムしていると考えると、生と死は対立概念ではなく、片方があってはじめてもう片方も成り立つ相補《そうほ》関係、つまりペアになっているということがわかってくるでしょう。

しかし、生まれてすぐそういう遺伝子がはたらきだしたのでは、すぐに死んでしまいます。そこで、通常は生きるための遺伝子が活発にはたらいて、エントロピーの増大をできるだけ防ごうとしています。つまり、生きているものは、放っておくと自然に死と無秩序の状態に向かおうとしますが、これを秩序だった方向に誘導《ゆうどう》するはたらきをもった遺伝子が存在するということです。

そして、エントロピーの減少のために重要な役割をはたしているのが、遺伝子によってつくりだされる酵素《こうそ》です。

たとえば、私たちが豚の肉を食べても、豚の肉にはならず、自分の、つまり人間の肉になりますが、なぜでしょうか。

それは、まず、豚のタンパク質は構成成分であるアミノ酸に分解されますが、このバラバラになったアミノ酸からもう一度、遺伝子の指示を受けた酵素のはたらきによって、人間の身体を形成するタンパク質を合成しているからです。このときの分解反応はエントロピーの増大で、合成反応はエントロピーの減少です。

これを、私たちの気持ちのもち方、ものの考え方に当てはめると、プラス発想にはエントロピーの減少に、マイナス発想にはエントロピーの増大に誘導する作用があると言えるでしょう。プラス発想をすれば、遺伝子は懸命にエントロピーを減少させようとします。

そうだとすると、プラス発想をするか、マイナス発想をするかは、それによって正反対の結果を招来《しょうらい》する、とても重大な選択だということがわかるのではないでしょうか。

夕食のおかずを、甘いものにするか、辛《から》いものにするかというような選択とは、根本的に異なります。食べ物の場合、適切な摂取《せっしゅ》ならどちらも栄養になるし、味覚も楽しめます。しかし、発想のほうは、どちらを選ぶかで、人生の中身、幸・不幸にまで影響してきます。

どちらが好ましいかは、言うまでもないでしょう。

身に起こることはなんでもプラス

ところで、ものごとが順調に運んでいるときには、私たちは自然にプラス発想をしていますから、あまり問題はない。反対に、きびしい局面に立たされたとき、困難に遭遇《そうぐう》したとき、窮地《きゅうち》におちいったとき、そうした状況でもどれだけプラス発想ができるかが重要になってきます。

連想ゲームではないけれど、いったん好ましくない状況にはまると、発想はどんどん悪いほうに悪いほうにと傾いていくものです。わかっているけれども、プラス発想がなかなかできにくいことは、誰もが一度や二度は経験しているところでしょう。

しかし、「おれはダメだ」とみずからを卑下《ひげ》したり、否定したりしている研究者は、けっしていい仕事をしていません。最近はダメを前提に生きている人が多いような気がしますが、本当は、そういうときこそプラス発想が必要であって、うまく運んでいるときは、あえてプラス発想など考える必要はありません。

私自身の経験からも、長いあいだ研究をやっていると、苦しい場面に遭遇することがよくあります。「もうダメかな」と、絶望的な気持ちに襲われそうになることもめずらしくありません。そういうとき、どれだけへこたれないで、プラス発想を維持できるかが問われるところです。

これにはコツがあります。

ものごとには二面性があります。どんな出来事も、「よいほう」と「悪いほう」の二つの解釈が可能です。

たとえば、病気にかかった場合、仕事ができなくなったり、金銭的に負担が増えたりと、マイナス面ばかりを考えて、くよくよしてしまいますが、病気をした経験によって、誰が自分にとって本当に大事な人なのかに気づくこともあります。病院のベッドの上で、仕事にかまけてるときには思いもつかなかったアイディアが浮かんだりすることもあります。大病が人生をプラスの方向に変えたという話は、いろいろなところで耳にします。

つまり、悪いと思われる出来事にもいい面もあるということを再確認し、そちらのほうを一心に求めることです。

良寛さんは船頭に、水中に落下させたという悪い面より、自分を助けてくれたといういい面を見いだしたことで、相手の気持ちをも豊かなものにしました。

病気をした経験が以後の自分を好ましい方向に導いてくれる、そう思いこめば、ひとりでにそちらの方向に向かっていったりするものです。自分の身に起こることはなんでもプラスになるというとらえ方をするのが秘訣です。

世の中の合理性だけに目を向けていると、ものごとの半分しか見えません。合理性を超えるとは、非合理の世界に足を踏み入れることではなく、現代の常識や科学の力ではまだ解明されていないものも視野に入れて考え、判断するという意味です。

そういう見方ができれば、たとえおぼろげであっても、全体像をつかめるようになります。プラス発想とは、そうした広い視野をつかむ手段でもあるのです。

自然治癒力が強化される

プラス発想の効用は、医学の分野でも、自然治癒《ちゆりよく》力の強化としてあらわれてきます。「病《やまい》は気から」と言いますが、これを逆に、「病は気で治《なお》すこともできる」ととらえることもできるでしょう。

昔から言われている自然治癒力のメカニズムには不明な点が多いのですが、この現象にとって、遺伝子のはたらきが不可欠なことだけは確かなようです。

自然治癒とは、自分の身体が病気を治しているということですが、正確に言えば、遺伝子が命令して治していることであり、身体の中にはじめからそのようなプログラムがあるということです。それがONになっているか、OFFになっているかの違いです。

私たちの体内では、遺伝子に書かれていないことは起こりませんが、書かれた内容がすべて起こるわけでもありません。

病気は遺伝子のしわざですが、環境因子も関係してくるので、同じ遺伝子をもっていても、発病しないこともあります。それは遺伝子がOFFになっているからです。それがある時期、外的刺激など、ある原因でONになると、発病するのです。

どういうときにONになり、どうすればOFFになるかは、遺伝子暗号の解読が進めばかなりの確率で予測がつくようになるでしょう。そして、このON・OFFは、その人間のものの考え方によっても確実に違ってくると思います。

また、環境因子というと、大気とか水質の汚染《おせん》など、物理的な影響ばかりが強調されがちですが、それだけでなく、精神的な影響もあるはずです。いや、むしろ、そうした情報が与える心理的側面も含《ふく》め、最終的には心の問題のほうが大きいのではないかという気がします。

ある病気にかかった場合、「自分は絶対に治る」と信じているのと、「自分はもうダメかもしれない」と思っているのとでは、同じ治癒するにしても、早さが違ってくるし、くよくよしているとほかの病気まで併発《へいはつ》し、さらなる免疫力《めんえきりょく》の低下を招いて、どんどん重くなっていくこともあります。

人間が人間として生きている中で心が非常に大きな部分を占《し》めていることは、誰もが知っているところですが、病気のように、一見、悪いと思われることにも、それによって人生が深まることもあれば、他人の痛みがわかるようになるという利点もあります。それが、新しい未来へのスタートになるかもしれません。

どんなことにも、悪いことばかりではなく、いい面もあるのだということがわかっていれば、いい面を目指していくほうがいいに決まっています。なにも、自分で自分を不幸にする必要はないはずですから。

いい遺伝子をONにするには、「自分に起きていることは、すべてプラスに作用する」と強く思いこむことがかんじんです。

潜在意識へのはたらきかけ

何度も述べているように、遺伝子で見るかぎり、人間の能力は誰も似たようなものです。すべてそうではありませんが、ある遺伝子ではいろいろなデザインが可能で、それをどう組みあわせていくかは、その人の自由にまかされています。

人間は非常に多くの可能性をもっていますが、その可能性の扉《とびら》を開くカギの一つは、潜在《せんざい》意識でしょう。潜在能力は潜在意識の作用によって導きだされ、その能力は、限界が容易に見きわめられないくらい大きなものです。

問題はそれをどうやって導きだすかです。

従来の潜在意識論では、潜在能力を引きだす方法として、大きく二つの場合を想定しました。一つは心のもち方。あることの実現を願ってひたすら心に念じると、それが潜在意識に刻印《こくいん》されて、自然にその目的に近づく行動をとるようになるというわけです。

もう一つは外界の変化。たとえば火事に遭遇したとき、思いもよらない怪力《かいりき》を発揮することがありますが、これは環境変化に対する瞬間的適応行動で、人は誰でもこうした適応能力を秘《ひ》めているということです。

ただし、こうした潜在意識論では能力の所在《しょざい》がはっきりせず、観念論としてしか受け取られてきませんでした。また、潜在能力そのものに疑いの目を向ける人もいました。それというのも、従来の潜在意識論がこの疑問にきちんと答えられなかったからです。

しかし、これに遺伝子のもつＯＮ・ＯＦＦ機能を当てはめると、才能や能力の所在が非常にはっきりしてきます。

潜在意識にはたらきかけるとは、じつは遺伝子にはたらきかけることであり、心をコントロールすることによって、眠れる遺伝子を覚醒《かくせい》させる、あるいは起きている不都合な遺伝子を眠らせることができるということです。つまり、天才と凡才《ぼんさい》の差は、遺伝子の差ではなく、遺伝子の目覚め方の差であるということがしだいにはっきりしてきたのです。

そして、「人は誰でもとてつもない潜在能力をもっている」という従来の潜在意識論が、かなり正しい指摘をしていたこともわかってきました。

たとえば、子どものときから具体的な目標をもってきた人は、そういうことをまったく考えてこなかった人より、その願望を実現させうる確率が高くなります。願望なり野望をもっている人は、いつもそのことを考え、そのことを中心にすえて、人生を送っています。そういう人のほうが、目的に近づくための行動をよく起こします。こうした思考や行動が、遺伝子の目覚めを促す大きな要素となるからです。

遺伝子には、自分がどういう分野で活躍するかまでは書かれていません。そこまで規定されていたら、人間には自由などなくなってしまいます。遺伝子が規定しているのは、あくまでも基礎的なことがらです。火事場でバカ力《ぢから》を発揮する人もいれば、砲丸《ほうがん》投げで力を発揮する人もいるし、百メートルを十秒以内で走れる人もいます。ただし、両者の潜在能力には大きな差はないということです。

誰だって、その方面の遺伝子がONになれば、必要な筋肉がつくられ、不要な部分がけずられて、百メートルを十秒内外で走れるようになる可能性があります。問題は、どうやったらONにできるかです。

のびる人、のびない人の違いも、この観点から見るとよくわかってきます。

のびる人とは、眠っているよい遺伝子を呼び起こすことに長《た》けた人。それがあまりうまくない人は、能力や才能をもちながらも、のびきれないでいる人です。

学生を見ていると、現在の状況が同じようであっても、「こいつは先へいってのびるな」「彼はどうものびそうもないな」ということがなんとなくわかるものです。

のびるタイプの第一は、ものごとに熱中できる人です。なにかに取り組んだら、まわりがどうあれおかまいなし、脇目《わきめ》もふらず一心不乱に熱中し、自分のしていることしか考えない。そういうひたむきさのある人間はのびる人です。

加えて、持続性のある人。いくら熱中しても、それが続かなければ、成就《じょうじゅ》にはいたりません。寝ても覚めてもそのことを思いつづけ、簡単にはあきらめない。そうした持続性が、少しずつ遺伝子をONにして、私たちをプラス方向に誘導してくれます。

遺伝子にも、あることを契機《けいき》に一挙にONになる場合と、少しずつONになっていく場合とがあるようです。

身体のいちばんの司令塔

私たちがなにかの行動を起こすときにもっとも重要なものは、脳ではないか——多くの人がそう思っているのではないでしょうか。もちろん、これは間違いではありません。

しかし、脳で実際にはたらいているのは、細胞や細胞間のネットワークです。その細胞は、遺伝子からの指令によってつくられ、はたらいています。つまり、脳のはたらきといえども、脳細胞がもつ情報によらなければできないということです。

その意味でも、人間の身体のいちばんの司令塔《しれいとう》は、遺伝子なのです。

その遺伝子をON・OFFで制御《せいぎょ》できるとすれば、私たちはもっと遺伝子を身近に感じる必要があります。たとえば、自分の遺伝子に向かって「今日は調子がいいみたいだね」などと語りかけることも、けっして無駄ではありません。

私たちは気がつかないところで、そういうかたちで自己対話をしているものです。朝、目を覚まして窓のカーテンを開けたときに、天気がいいと、思わず「ああ、気持ちがいいなあ」と自分に語りかけたりします。そうすることで、実際に身体がさわやかになり、イキイキとしてきます。そのときに、遺伝子がそのようにはたらいているからです。

功名心も使いよう

ビジネスの世界は、たとえそれが世のためになることであっても、それにたずさわる人たちの暮らしがありますから、利潤《りじゅん》をあげなければなりません。利潤追求が目的になると、そこにどうしても功名《こうみょう》争いのようなことがからんできます。

学問の世界は、そうしたビジネスの世界とは違うという考え方があります。学問は、あくまでも純粋に真理を追究するものであって、功名心などとは無縁の領域、そんなものに駆られるのはエセ学者だ、と。

たしかに、科学者の中には功名心に駆られるあまり、人間としてやってはならないルール違反に走るエセ学者がいないとは言えません。

何年か前、考古学の世界で、ある学者が、あらかじめ自分が埋《う》めておいた古い時代の遺物を、いかにも当日の発掘《はっくつ》作業によって発見したかのように装《よそお》うという事件がありました。「古代史を書き換える世紀の発見」とか、「神の手」とかの功名に駆られてのルール違反行為だったようです。生化学の世界でも、よくデータ捏造《ねつぞう》が問題になることがあります。

こうした行為は論外ですが、しかし、人間には他者に認められ、称賛《しょうさん》されることで活動のエネルギーを得るということもあります。世界初の大発見、大発明をして、みんなから称賛されたいという気持ちが、エネルギー源になることもあります。ライバルが存在することが進歩の契機にもなりえます。

その意味で、研究者が功名心をもつことは、悪いことばかりではなく、むしろプラス発想を促す要因にもなりえます。

私の研究室で、「もう少しがんばってほしい」と思う人に、「これができれば、世界的な評価が得られるんだ」と言ってハッパをかけると、人が変わったように真剣に取り組みはじめるということもあります。人をやる気にさせる動機づけとして、おおいに役立ちます。もちろん、はじめから現実味や実現の可能性がゼロでは、たんなるはったりになってしまいますが……。

私の研究室では、論文を発表するとき、実際にその研究にたずさわった人とグループ・リーダーの名前を際立《きわだ》たせて、私自身はできるだけ表に出ないようにしています。これも、研究当事者の功名心に訴えかけた方法の一つです。

科学者というのは、けっこう手柄《てがら》をあげることに敏感で、功名争いをしているところがあります。

レニンの遺伝子情報の解読に関して、私たちのグループがパスツール研究所と競《きそ》いあったのも同様です。一般の人から見れば、どちらが先だってかまわないかもしれません。早晩、達成されるのは確実だったのだから、少しぐらい時期がずれたとしても、なんの影響もないでしょう。

しかし、発見者、発明者として名前が残るのは、最初に達成した人だけです。田中耕一さんがノーベル化学賞という栄誉《えいよ》を獲得できたのも、世界で最初に達成した人だったからです。

一日でも早いほうが栄光を手にし、それが以後の研究のエネルギーにもなります。もっと世俗的に見れば、高額の賞金を手にすることで、研究費にゆとりができ、その後の研究にはずみがつくという実益もあります。

さらに新しい成果につながることもある功名を求めることは、プラス発想とも重なってきます。その意味では、どんな職域にあっても、「やれば報《むく》われる」という環境が大切です。

それなくしては、飛躍は望めないでしょう。

最近の産業界では、年功序列《ねんこうじょれつ》と終身雇用《しゅうしんこよう》という日本の雇用状況を特徴づけていた二本の柱が崩《くず》れつつありますが、大学でも同じことが起きています。

いままでは上から教授、助教授、講師、研究助手と序列が決まっていて、いくらすぐれた研究実績をあげても、すぐ上のポストを飛び越すことはできないようなシステムになっていました。それがかえって日本独特のぬるま湯的な状況をつくりあげてきたわけですが、それもしだいに通用しなくなってきています。

「やれば報われる」という観点からは、むしろ好ましい変革だと思います。

ちなみに、わが村上研究室からは、これまでに六十人あまりの博士が誕生しています。一研究室としてはとても多いほうで、それが私のなによりの喜びになって、プラス発想を支えてくれます。

死んでも惜しくないものと出会う

プラス発想を促すものとして、「死んでも惜《お》しくないものと出会う」ということをあげておきたいと思います。別の言い方をすれば、死を克服《こくふく》することです。

人間、死んだら個体としてはおしまいです。だから、「なにをしたって意味がない」と思ったら、なにをする情熱も湧《わ》いてはこないでしょう。

マイナス発想もそこまできたら、生きていくこと自体が無意味なものになってしまいます。

ところが、遺伝子というのは、そんなに簡単にあきらめたりはしません。基本的には、生存の条件が持続できるかぎり、エントロピーを減少させて、生きていこうとする方向にはたらいているからです。

たとえば、生命を脅《おびや》かされるような危険に遭遇したとき、私たちは意識しなくても、反射的に防御体勢をとります。意識する前に、遺伝子が直接反応しているからです。私たちがごく自然に「死ぬのはいやだ」と思うのは、遺伝子の「生命を持続させる」スイッチがONになっているからです。

このように、遺伝子は放っておけば自然に「生きる」方向に向かって作用しているものなのです。言い換えれば、いま作動している遺伝子は、基本的にプラス発想だということです。

人間は最長でも百歳前後で死んでいきますが、この事実は、前述のように、遺伝子には死のプログラムも書きこまれていることをうかがわせます。過去の例から見ても、どんな人でも必ず死ぬだろうと思うし、死亡率は一〇〇パーセントと言っていいでしょう。誰も現実の死からは逃《のが》れられません。

年齢を重ねたり、重い病気にかかるなどして、いよいよ生存を維持できなくなったときに、ある種の遺伝子がONになって、死のプログラムが発動し、生体が死に向かっていくものと思われます。

そこで、死を克服するとはどういうことかというと、死を意識しないで生きる、あるいは、なにかに懸命に打ちこんでいるときには、死を意識することがないということです。そういうときは、自分が死ぬ気がしなくなっていることでしょう。

「これが達成できるなら、おれは死んでもかまわない」と思えるようなもの、あるいは、「この人のためなら死んでも惜しくない」と思えるような人と出会えるかどうかが、大きな分かれ道になるでしょう。

自分が死んだあとにも業績は残ります。それがのちの人のためになります。その意味で、「それに成功したら、おれは死んでも惜しくない」と言えるような対象をもっている人は、とてもしあわせだと言えます。

いい業績をあげる人の共通点

いい研究をする人、いい業績をあげる人には共通するものがあります。それはいつも前向きであるという点です。そして、つねに志《こころざし》を高くもっています。

私の研究室で勉強していた学生が、数年後にこんなことを言いだしました。

「先生、もっといいところを紹介してください」

「いいところって？」

「できれば、ノーベル賞をもらった人のいるような研究室がいいです」

じつは彼は大学院入試に一度落ちているし、やる気はあるけれど、いまひとつ成果があがらないという状態でした。ようするに、実力より望みがはるかに高いのです。ちょっと生意《なまい》気《き》だなと思いましたが、それもれっきとしたプラス発想です。なかなか自己主張ができない学生が多い中、なかなか頼もしく感じたので、私はノーベル賞受賞者のもとで研究している知りあいに頼み、アメリカの研究室に入れてもらいました。

そうしたところ、日本ではそれほど目立った存在ではなかった彼が、アメリカでめきめき頭角《とうかく》をあらわしはじめたのです。やがて彼が帰国してからは、私はできるだけ雑用をさせず、研究に専念させることにして、こう宣告しました。

「三年の任期で君を講師にする。ただし、三年だけだ。三年たって結果が出なかったらクビだ」

するると、彼は三年でひとかどの結果を出し、やがて、三十六歳の若さで伝統のある国立大学の教授に抜擢《ばってき》されたのです。

日本では、三十代ではなかなか教授にはなれません。アメリカでは自分のやったことはすべて自分の業績になるから、若い人が自分の先生を追い越して教授になるということもザラにあります。できる人間が相応に認められるシステムがあるところが、アメリカの強みの一つになっています。ところが、日本の大学では、いくら業績をあげても、三十代は半人前あつかいです。自分のやった研究もボスである教授の実績にされてしまうことが多々あります。

ようするに、順序を踏まないと上に昇っていけないシステムになっていますから、三十代はせいぜい助教授にしかなれません。

私はつねづねそういうのはおかしいと思っていましたから、ことあるごとに、「自分の研究室から三十代の教授をつくってみせる」と公言していました。

ただ、このことはすっかり忘れていましたが、私は彼の結婚式で、「彼を三十代で教授にしてみせます」と言ったらしいのです。そのときは、リップサービスのつもりだったと思います。だから、私自身は忘れていましたが、彼のほうはちゃんと覚えていたらしく、しかも、どうやら勝手にその気になっていたらしいのです。

いくら私がみんなの前で言ったからといって、教授になれるかなれないかは本人の努力しだいで、そのことは当人もよく知っていたでしょう。

「みんなの前で先生からそう言われてしまった以上、ならなければ自分が恥《は》ずかしい思いをする」と思いこみ、それから急に発奮《はっぷん》したようなのです。

そのとき、彼の遺伝子がONになったのでしょう。「ノーベル賞をもらった人の研究室云《うん》云《ぬん》」を言いだしたのはそれからまもなくです。

彼はいくつかの幸運にもめぐまれました。一つは、望みどおりノーベル賞学者の研究室に入れたこと。たまたま私がセミナーで再会したアメリカ人研究者がノーベル賞学者のもとではたらいていたのを思いだし、頼んでみたところ、「いま人を探していたところだ。引き受けてもいいよ」。

拍子抜《ひょうしぬ》けするほど簡単に話がまとまってしまいました。

もう一つ彼がめぐまれていたのは、彼のもって生まれた性格でした。

非常に前向きであることに加えて、あまり先のことを心配せず、与えられた仕事に目いっぱい取り組むタイプでした。これは遺伝子ON型人間の特徴で、こうした資質は成功者に多く見られます。

第七章　価値ある情報、無駄な情報

ここが違うプロの情報入手法

遺伝子をONにする契機《けいき》の一つとして、私は情報交換というものを重視しています。とくに、人的情報です。

科学の世界にはデイ・サイエンスとナイト・サイエンスとがあるということはすでに述べましたが、情報にも表情報と裏情報とがあって、実際の研究場面では、裏情報がしばしば絶対的な意味をもつ場合が多いのです。

そして、裏情報のとり方の秘訣《ひけつ》は、いろいろな種類の人と研究以外の時間帯と場所で広くつきあうことです。

もっとも多いのは飲み食いの場でしょう。酒を飲みながら、「いま、自分はこういうことをやっているんだ」などと話すと、まわりから「あの人はこういうことをはじめたよ」というような情報が入ってきます。こうした飲み食いをしながらの情報交換が、アメリカでは非常に頻繁《ひんぱん》に行われています（Eat and Drink Communication）。

表情報、たとえば科学雑誌に掲載《けいさい》された論文だけを読んで、それを鵜呑《うの》みにしていると、ときに大失敗をすることがあります。残念ながら、科学の世界ではデータの捏造《ねつぞう》が行われることがあって、それをなんの疑いもなく信じたりすると、自分の研究が大打撃を受けかねません。それまでやってきた二、三年分の研究成果が台無《だいな》しになることもめずらしくはないのです。

「今度のA氏の論文をどう思う?」

「どう考えても、できすぎているような気がするな。ちょっとあやしいから、気をつけたほうがいいよ」

こうした飲食の場でのちょっとした情報交換で、救われることも少なくありません。

ビジネス社会でもそうでしょうが、科学の世界でも、情報が勝負です。いかに良質の情報をライバルに先んじて入手するか、有能な研究者ほど、そういうことに腐心《ふしん》しています。

アメリカのナッシュビルに赴任《ふにん》してまもないころのことです。先輩の日本人研究者とともに、学者同士の懇親会《こんしんかい》に参加したことがありました。この先生は三十年も前からアメリカにいて、立派な仕事をされてきた人ですが、そうしたパーティでは、どんなにおいしそうなお酒やご馳走《ちそう》が並んでいても、ほとんど手をつけようとしません。

どうして食べないのか聞くと、こうです。

「そんなもの、食べていられるか」

ここでどんなに食べたって、会費の百ドル分は食べられない。それより、この会にはもう一生会うことができない人がきているかもしれない。だから、いろいろな人と会って、少しでも多く話をしておきたい。のんびり食事なんかしているヒマはないんだ——というわけです。

これが日本人の研究者同士が集まった場ではどうでしょうか。みなさん、会費分は食わなきゃ損だとばかり、なにはさておいてもまず腹ごしらえ。そこで交《か》わされる会話といえば、いつも顔を合わせている人たちばかりが集まって、ゴルフの話とか、どうでもいい世間話ばかり。

別の日、ホテルで行われた泊まりこみのセミナーに出席したとき、こんなこともありました。そこには大学院の学生も百人くらいきていました。先生には個室が用意されていましたが、学生たちは相部屋《あいべや》です。ところが、その先生はわざわざ大学院生との相部屋を選ぶのです。

「そのほうが若い連中の意見も聞けるし、人間関係もできるじゃないか」

そんなふうにして必死に情報を集めているのです。その姿勢に、さすがはプロとおおいに感心させられ、勉強させられました。

「ここでの情報が、これからの自分の生き方を変えるかもしれないんだ」

これが、この先生の持論でした。

活力を養う休暇の過ごし方

アメリカの大学では七年に一度、サバティカルという休みを先生にくれますが、この休暇はリフレッシュという点で、とても大きな意味をもっています。

期間は一年間、そのあいだ、大学を離れて、好きなことをやっていいという特典ですから、みんな喜んで利用します。

ほとんどの先生は、この休暇を利用して、外国に行きます。アメリカ人はたいていヨーロッパに行きますが、そこでまったく違う国のカルチャーにふれ、いろいろな分野の人と出会い、情報を集めて、それで新しい活力を養うわけです。

人間は定期的にこういう機会をもたないと、新しい発想は湧《わ》いてこなくなります。

ずっと同じところで、同じ仕事を続けていれば、つきあう人も見聞《けんぶん》もみな同じになってしまいます。そういう環境にあまり違和感を感じないでいると、その枠《わく》から出られなくなってしまいます。

日本の大学の先生も終身雇用《しゅうしんこよう》、年功序列《ねんこうじょれつ》に守られていて、それでもやっていける時代が過ぎ去ろうとしています。競争社会、契約社会のアメリカでは、ずっと昔から三年ごとくらいに一定の成果をあげなければ、身分は保障されません。

欧米では、そうした努力を怠《おこた》っていると、たちどころにクビを切られてしまいます。昨日まで大学の講師だった人が、急に姿が見えなくなったと思ったら、タクシーの運転手をしていたなどということが実際にあるのです。

ユダヤ人の情報交換術

情報交換を組織的にやっているのが、ユダヤ人でしょう。

彼らはほとんど毎週のように地区の教会（シナゴーグ）に通って、集会のあとみんなで家族ぐるみのつきあいをします。

ユダヤ人は二千年ものあいだ迫害《はくがい》されてきた苦難の歴史を背負っていますから、この世を生きていくには実力しかないということを骨身にしみて感じています。だから、つねに仲間で集まって、情報交換につとめるわけです。彼らにとって、情報は特別な意味をもっています。

ノーベル賞受賞者を人種別に見ると、ユダヤ人が圧倒的に多い。ノーベル賞がすべてではありませんが、ある程度、頭のよさ、オリジナリティの豊かさをあらわすバロメーターにはなるのではないでしょうか。

彼らの頭が優秀なのは、過去の苦難の歴史から、いつも気を緩《ゆる》めることがなく、頭脳が研《と》ぎ澄《す》まされた状態になっているからではないか。異教徒の中で、そうしないと生き延びていけなかったため、ユダヤ民族はそういう遺伝子がONになっているのではないか――そんな気がします。

ユダヤ人は子どものころからユダヤ教の教典を徹底的に叩《たた》きこまれ、意味がわかってもわからなくても暗記させられます。そして、ことあるごとにそれを暗唱《あんしょう》していると、集中力が高まり、神経が研ぎ澄まされていきます。

ユダヤ人は優秀ですから、政治家、財界人、理系・文系の学者、芸術家など、教会へも各界のトップクラスで活躍している人たちが集まってきます。そういう人たちが週ごとの礼拝《れいはい》のあと、みんなで情報交換をしあう場面を想像してみてください。いまの世の中はどう動いているか、これからはどういう傾向が出てくるか、なにをどうしたらいいかというノウハウなど、ほかでは絶対に聞けないような貴重な情報が得られるはずです。

こうした信仰や民族的なつながりを通してファミリーを形成していることも、彼らが多くの分野でトップの座を占《し》めることができる一つの要因になっているのではないかと思います。

私がレニンと出会うきっかけをつくってくれたコーエン教授もユダヤ人でしたが、あまり熱心なユダヤ教信者には見えませんでした。それでも、毎週の教会通いだけは欠かさなかったのは、情報交換のためでもあったからだと思います。

日本人も飲食の場での交際はよくしていますが、さまざまなジャンルの人たちが家族ぐるみでつきあって、情報を交換しあうというかたちにはなっていません。研究面で、日本人は能力的にそれほど負けているとは思えませんが、人的な情報交流の面では決定的に不利な状況にあるように思います。

自分から伝えるから入ってくる

裏側の情報の重要性について述べましたが、ナイト・サイエンスを進めるためには、研究室から出て、いろいろな人間と交《まじ》わることで刺激を受けたり情報を得たりすることが重要になってきます。

デイ・サイエンス、つまり最終的な答えだけを知ってもあまり意味がありません。研究者にとってより貴重なのは、その答えにたどりつくプロセスに関する情報です。

外に出てコミュニケーションをとることで、自分の思いを相手に伝えます。自分の思いが先方に伝われば、次には必ず向こうからなにかが返ってきます。かけがえのない情報やノウハウを得ることができるのは、そうした人間味に満ちた交流からです。ときに、自分をさらけだすことも必要です。

「人間では無理だろうから、サルでやったら……」

パスツール研究所できつい厭味《いやみ》を言われたあと、ドイツのハイデルベルクの学生街の酒場で、偶然にも顔見知りの中西教授と出会ったとき、酒をともにしながら、私が心を開いて話さなかったら、遺伝子工学の専門家からの援助を受けることもできず、したがって、ヒト・レニンの暗号解読でパスツール研究所に一矢《いっし》を報《むく》いることもできなかったでしょう。

出会ったのが学会の会場、つまりデイ・サイエンスの場だったら、私はあのような話はしなかったと思います。街の酒場で、自分の心のうちを相手に伝えたからこそ、有益なレスポンスがあったわけで、これこそナイト・サイエンスならではの人的交流の成果です。

「自分はいまこういう研究をしているが、こういうところが不明で困っている」と言えば、「それならこうしたらどうか」といった反応が必ずあるものです。それが大発見や新理論の糸口になることは、けっして少なくはないのです。

中には閉鎖的《へいさてき》で、自分のことはなにも語ろうとせず、人から一方的に情報をとろうとしたり、他人の意見だけを聞こうとする人もいますが、そういうやり方ではなかなかよい結果は生まれないものです。自分から新しい情報をどんどん人に伝えていかなければ、さらに新しい情報は自分のところに入ってこないものです。

私は根が素直なので(たんなる口が軽いだけという説もありますが)、ものごとを秘密にしておけないタチで、自分のアイディアや計画などをどんどん他人に話してしまいます。

「そんなに開けっぴろげじゃ、人にとられてしまうぞ」

そんなふうにアドバイスをしてくれる人もいますが、自分が話したことで、アイディアを盗まれたという経験は一度もありません。逆に、それによって助けられたことは何度もあります。

自分にないものをもった人と

いまの社会では、なんでもかんでも一人でやるということは不可能です。他人と協力してやっていかなければ成し遂げられないことの範囲がどんどん広がってきています。

そして、他人と組んでいい仕事をしたいと思うなら、なるべく自分にないものをもった人と組むことがかんじんです。専門分野でも、性格的な面でも。

いまの学生たちを見ていると、自分中心でしか考えられないタイプの人が増えているように思われます。おそらく一人っ子で両親からさんざん甘やかされて育てられたからなのでしょうが、そういう学生は人と共同でなにかをするのがとてもへたです。

へただから、よけいやりたがらない。どうしてもしなければならない場合は、自分と同じ知識をもっている人、性格的に気が合いそうな人ばかりを探そうとします。しかし、そういう学生はまずいい研究はできません。

他人と一緒にやるからには、もちろん仲よくしなければいけませんが、自分にはない能力をもった人と組むことで、総合力を高めることができます。一足す一が三になったり五になったりします。ときには、相反する意見から、まったく新しい発見をすることもあります。

なにかを成し遂げるとき、仲よしよりも、むしろ異質な人間との組みあわせが大切だと気づかされたのは、前述のコーエン教授のケースです。申しわけないけれど、この教授はどう見ても「冴《さ》えないおっさん」でした。その人がどうしてノーベル賞をもらうようなすごい研究ができたかというと、パートナーとのコンビネーションが絶妙だったからです。

コーエン教授のパートナーはリタ・モンタルチーニというイタリア出身の女性生理学者でした。彼女もユダヤ系のため、戦争中は迫害を受けて大学を追放された経験があるとのことでしたが、自室のベッドの脇《わき》に顕微鏡《けんびきょう》をもちこんで、ヒマさえあればそれをのぞいているという研究の虫のような女性でした。

その彼女がひたすら顕微鏡をのぞいているうちに、ある条件下で細胞が異様に増えていく現象を見いだしました。しかし、彼女一人では、それがなにを意味しているかわからない。そこにコーエン教授が登場して、そういう現象を引き起こす物質を発見し、その構造を明らかにしたのです。

コーエン教授がいくら顕微鏡をのぞいても、彼女のような発見はできなかったでしょうし、彼女にとっては、自分が見つけた現象の化学的な解明は荷が重すぎました。

ところが、この異質な二人がコンビを組んだことで、大きな仕事を成し遂げ、その功績によって二人はノーベル賞を受賞したのです。双方《そうほう》とも一人だったら、この仕事は達成できなかったでしょう。

モンタルチーニは自伝『美しき未完成』（藤田恒夫他訳　平凡社刊）に次のように書いています。

「コーエンはある日いいました。『リタ。君も僕も、まあまあだよね。でも二人が一緒になると一流だよ』と」

科学の歴史上、有名な研究者ペアには、キュリー夫妻、DNAの二重らせん構造を発見したワトソンとクリックなどがいますが、共同研究はともかく、アメリカの研究者はみな積極的によい出会いを求めています。

その点、日本の研究環境は閉鎖的、排他的《はいたてき》で、学閥《がくばつ》とか系列のようなものが形成されています。今日のようにグローバリゼーション、学際的な研究がさかんな時代には、そうした体質ではなかなか新しいものは生まれないでしょう。

こうしたことは、一般の企業社会にも言えることです。同好会、仲よしグループでは、ユニークな研究や開発はなかなかできないものです。

世間一般の人は、学者とは自分の世界に閉じこもりがちな人種だと思っているかもしれませんが、独創的な研究をする人は、じつは半分くらいのエネルギーを、新しい仮説やその成果を他人に認めさせることに使っているものです。どんなに立派な研究成果も、多くの人に認められなければ世にあらわれません。しかも、それが独創的であればあるほど、認めさせる努力が必要になってくるものです。

アピールの大切さ

私たちが研究成果を世に問うための主要な手段は論文ですが、それだけではとても十分とは言えません。そこで、外国で開催《かいさい》されるいろいろな国際セミナーに出席するなど、多くの人との出会いの機会をもつことで、認めてもらう努力をしています。昼間だけでなく、夜にも。

たとえば、百人、二百人単位の人が泊まりこんで行うコンファレンスがよくありますが、一つのテーマを掲《かか》げると、それに興味のある人が集まってきます。そこは発表の場であり、懇親の場であり、営業の場でもあるわけです。

朝の八時半から昼まで発表会、昼からはみんな自由行動。遊びに出かける人もいれば、ディスカッションする人もいるし、昼寝をする人もいます。夕食時にまたみんなで集まって、ワインを飲みながら、ワイワイガヤガヤ。そういうことを一週間くらい続けていると、知らない人ともずいぶん親しくなれます。

そこで人脈をつくり、自分の仕事をアピールし、新しいネタを仕入れるのですが、外国の研究者はこういう活動がとてもうまいし、意識して努力をしています。

日本人はどうもこういうことがすごく苦手《にがて》で、せっかくそういう場に参加しても、あまり表面に出たがりません。言葉のハンデもありますが、そもそもアピールをよしとしない風潮があるようです。

日本人はとかく、すぐれた研究をしていれば認められるはずだと思いがちですが、現実にはそうはいかないことのほうが圧倒的に多いものです。黙っていても意思《いし》の疎通《そつう》ができるのは日本人同士ならともかく、外国ではそうはいきません。欧米の人にはそれがわかっているから、自分で懸命にアピールの努力をしています。科学者、研究者にとっても、これからはこのような努力が必要だと思います。

運命を変えるような出会いがある

さて、そのようにしてせっかく多くの人と出会い、いろいろな情報を入手しても、それが自分の研究のどこにどのように役立つかを見きわめられなければ、なんの意味もありません。情報は利用できてはじめて価値が出るものです。つまり、情報処理の問題です。

これまでいろいろな人との出会いについて述べてきましたが、私たちが出会うのは人ばかりではありません。出来事や物との出会いもあります。私の場合、レニンという酵素《こうそ》に出会ったことが、私の遺伝子に影響を与え、以後の私の人生を大きく変えました。

自分にはそのような印象的な出会いがないと思っている人もいるでしょう。でも、それは間違いです。人は誰でも自分の運命を変えるような貴重な出会いをたくさんしているはずです。ただ、その出会いの暗号に気づかないだけなのです。

私がレニンと出会ったいきさつは、ある仮説を立てて取り組んでいた研究がじつは見当違いだったことがわかったからで、いわばケガの功名《こうみょう》です。

「チャンスはチャンスのような顔をしてやってこない」という言葉がありますが、出会いも一つのチャンスと考えれば、この言葉がそっくり当てはまります。

発明王エジソンは、実験の九九パーセントは失敗だったというようなことを述べていますが、一パーセントを見逃さないだけの目をもっていたわけです。

それをわがものとするためには、それが秘めている意味、送ってくる信号に気づくことが重要ですが、そのさいに有効なのが、類推《るいすい》するということです。

類推とは、Aがこうであるなら、似た性質のBもこうであろうと、推理力、連想力をはたらかせることです。名探偵シャーロック・ホームズなどは、ほとんど類推の世界だけで難問を解決しています。

「類推力」のはたらかせ方

私がまだ大学院の学生だったころのことです。

博士号を取得するには博士論文を書かなければなりません。先生からテーマをもらい、アドバイスを受けながら研究するのですが、それがなかなか思いどおりに進まずに困っていました。

そのころ、ＰＣＰ（ペンタクロロフェノール）という農薬が登場し、田んぼの除草剤《じょそうざい》として大量に使われはじめました。私は農芸化学を専攻していましたから、ＰＣＰのことはよく知っていました。

ところが、それとほぼ時を同じくして、田んぼの近くの川の魚がよく死ぬという現象が起こりはじめました。当時はいまのように農薬の害が騒がれる以前で、この二つを直接結びつけて考える人はほとんどいませんでした。

私もその相関関係には気づかずに、川の魚がよく死ぬのはなぜなのだろうかと考えていましたが、死んだ魚の研究をはじめてまもなく、新聞記事で「痩《や》せ薬事件」というのを知りました。「どんどん痩せる」と評判になった痩せ薬に、ひどい副作用のあることがわかり、発売禁止になったのです。

公表されたその痩せ薬の成分を眺《なが》めていて、私はふとあることに気がつきました。痩せ薬の主成分の構造とPCPの構造がよく似ていたのです。そこで、PCPには痩せ薬に似た作用があるのかもしれないと類推し、痩せ薬の効果の仕組みをつぶさに調べてみました。

その結果、痩せ薬の成分に、摂取《せっしゅ》した食物のエネルギー化を阻害《そがい》する作用があることがわかりました。いくら食べてもエネルギー化できなければ、栄養障害を起こすのは当然です。たしかに効果絶大、みるみる痩せますが、そのまま続ければ間違いなく死んでしまいます。

それとよく似た化学構造式をもつPCPに同じような作用があるとしたら、魚が死ぬのは不思議ではない。ひょっとしたら、PCPのせいではないか……。

こうして、まったく異なったところで起こった痩せ薬事件がヒントとなり、PCPには体内に入るとエネルギー変換をさせない仕組みがあることを見つけ、それと川魚の死との相関関係を解明して、それが私の博士論文になったのです。

たまたま知った痩せ薬とPCPの構造が似ていたことに着眼することで、私は念願の学位を取ることができたわけですが、私が死んだ魚の研究に取り組んでいるとき、PCPにそっくりな痩せ薬が事件になることなど、あらかじめ計画したり、予想したりすることはできません。類推によって、両者を意識的にくっつけたことで、その関係が明らかになったのです。

私が魚の死になんの興味ももっていなかったら、痩せ薬事件にも関心を抱くことなく、博士論文もさらに難航していたことでしょう。博士号の取得が遅れ、アメリカ留学をしていなかったら、その後の私はどうなっていたか……。

情報が大切といっても、ただやみくもにたくさん集めればいいというものではありません。一見、断片的に見える情報も、複数集め、組みあわせることで、あたかもジグソーパズルのように、大きな一つの形が見えてくることもあります。そのときに必要なのが、類推とか推理の力です。

木からリンゴが落ちるのを見てひらめいたニュートンも、風呂に入っていてひらめいたアルキメデスも、まったく結びつきそうもない要素を結びつけて万有引力《ばんゆういんりょく》の法則、アルキメデスの原理という大発見をしました。

こうした類推力がはたらくと、目に見えないものが見え、耳に聞こえないものが聞こえてきます。常識では考えられないことを思いついたりもします。自分の中で、ふだんははたらいていなかった遺伝子のスイッチが入ってはたらきだしたからに違いありません。

人生にはよく、こちらが求めていると、それに関連したことに出会うという不思議な現象が起こります。しかし、じつは不思議でもなんでもなくて、毎日多くのいろいろな出会いがある中で、類推力を発揮し、どれかとどれか、なにかとなにかを結合させて、意味のある情報に再構成しているのだと思います。

つまり、意識するとしないとにかかわらず、無数の出来事や情報の中から、そのときの自分にとって必要な情報を取捨選択しているわけで、これは情報処理の重要な手続きです。

なにごとも疑ってかかる

情報の見きわめについて、もう一つ、注意点があります。それは、偉い人の話をやたらに信用しないということです。

その道の権威と言われる人の言うことを、われわれはほとんど疑いません。たとえばテレビなどでそう紹介された人の発言はまったく真実だと思ってしまいがちです。

しかし、科学の研究にたずさわっている人間は、「偉い」という理由だけで、その人の言葉や考え方を無条件で受け入れることの危険性を十分に知っています。誰でも、この件に関して、一つや二つの苦《にが》い経験をもっているからです。

ある大学院生が学位論文のため、教授からもらったテーマで研究を続けていたとします。教授はテーマを与えるだけでなく、方法論も指導します。しかし、それにしたがって実験を繰り返してみても、いっこうに思うような結果が出ません。そこで、学生はとうとうヤケを起こして、常識破りの方法で試みたところ、思いがけずそれがうまくいって、新しい発見につながった――。実際にあった例です。

もし教授の言うことを律義《りちぎ》に守っていたら、この学生は新しい発見をすることができず、いつまでも迷路から抜けだすことができなかったでしょう。

今日のいわゆる常識の世界というのは、科学的なものの見方に支えられていることが多いものですが、科学の正しさはつねに条件つきのものだということを肝《きも》に銘《めい》じておく必要があります。ちょっとした状況の変化で、逆転してしまうことなどザラなのです。

とくに生命科学の分野では、未知の部分のほうが多いのが現実です。これまで正しいと信じて疑わなかったことが、いつ否定されてもおかしくないのです。有名な学者が提唱して学会で認知された説が、あとで間違いだったとわかった例はいくらでもあります。

とかくわれわれ日本人は、日本伝統の寛容《かんよう》な精神のままに欧米の近代思想や近代科学を受け入れてきたためか、それらを唯一《ゆいいつ》の真理であるがごとくに考えてしまいがちです。しかし、欧米の近代科学はデカルトの懐疑論《かいぎろん》からはじまっていて、まずなにごとも疑ってかかるということを前提にしています。そうした精神によって、次々に新しい発見や発明を達成してきたわけです。

ですから、いかなるオーソリティの言うことでも、くつがえる可能性があるということは、いつも心にとどめておく必要があります。とくに現代のように科学が猛烈《もうれつ》な勢いで進歩しつつある状況下では、過去に「絶対真理」と思われていたことですら、その土台がゆらぐことはめずらしくありません。物理学ではニュートン力学から、アインシュタインの相対性理論まで、見なおしが行われている時代なのです。

「偉い」と言われている人というのは、あくまでも、過去の業績によって評価された人です。すべてというわけではありませんが、偉いと言われている人の言うことをなんでもかんでも鵜呑みにするのは、誤《あやま》った選択につながりかねません。いまはそういう時代なのです。

第八章　自分で自分を追いこむ!?

「身銭を切る」意気込み

牛の脳下垂体《のうかすいたい》からレニンを採取しようとしていたころのことです。私の研究室には朝早くから夜遅くまで、こうこうと電灯がともっていました。早い者で朝五時ごろから研究室にやってくる学生もいました。深夜十二時ごろまで、脳下垂体の皮むきに精を出す学生もいました。しかし、学生たちは全員、無給、手弁当でした。

本来ならば、学生たちに特別のアルバイト料を支払わなければならないところです。しかし、まだ成果があがる前のことなので、研究費もさほど潤沢《じゅんたく》ではなく、支払いたくても、その余裕がありませんでした。

そこで、「将来、多額の特許料でも入ったときには」ということで、出世払《しゅっせばら》いにしてもらいました。いわば、私は学生たちに借金をしたのです。で、それをいつ返済したかといえば、じつはお金では返していません。

その結果、「世界初」という栄誉《えいよ》を分かちあうことができたのですから、研究者のタマゴである学生たちにとっても、きわめてすばらしい体験であったと、私は確信しています。

将来、ひとかどの研究者になるためには、若いうちに身銭《みぜに》を切ってでも研究に没頭《ぼっとう》する姿勢を身につけておかねばなりません。いささか勝手ながら、その機会を彼らが身をもって体験できたことで、私の借金は相殺《そうさい》されたと思っています。

人から研究費をもらってぬくぬくと研究をしているようでは、緊張感も集中力も湧《わ》いてきません。身銭を切る苦労があってこそ、遺伝子がONになり、研究は自分のものになるのです。

これは、真の科学者、研究者になるための基本で、なにごとかを成《な》そうとするには、おそらくどんな場合でも、身銭を切る姿勢が必要となってくるだろうと思います。

みずから苦労を背負いこみ、その苦労をエネルギーに転化して、花開くときをめざして単調な作業に没頭する精神を、私は研究室の若い学生たちに養ってもらいたかったのです。

身銭（シード・マネー）は「種」

私はいまでも研究室の人間に、ことあるごとに「身銭を切れ」と言っています。身銭を切ることが、ひいては自分のためになるからです。たかりのようなさもしい気持ちでは、学者冥利《みようり》につきるような大きな成果をものにすることは絶対にできないでしょう。

人間は心の中に大きな力を秘《ひ》めています。その力をうまく引きだすには、ときに自分を追いこむことも必要です。窮鼠《きゆうそ》が猫をかむのは、自分の中にその力をもっているからです。ふだんはOFFの状態で休眠している遺伝子が、苦しい状況に追いこまれたとき、ONの状態になって、隠れていた能力を引きだすのです。

追いこまれるにしても、他人によって追いこまれるのはいやなものです。もちろん、そこでの反発心もエネルギーになりますが、自分で自分を追いこむほうが、純粋な集中力を得ることができます。そして、その一つの方法が、身銭を切ることなのです。

私は若い研究者によくこう助言しています。

「研究をはじめたら、三年間は、奥さんを拝《おが》み倒してでも、ボーナスを自分の研究に使いなさい。三年やればきっと芽が出るから」

本物のプロになりたければ、身銭を切ること。「石の上にも三年」の諺《ことわざ》どおり、三年間、身銭を切って研究につぎこめば、たいていは芽が出るものです。現に、私の研究室からは博士を輩出《はいしゅつ》しています。そして、芽が出れば、お金はあとからついてきます。

私の尊敬する教授から次のような話を聞きました。先生が銀行にお金を借りに行ったときの話です。

「先生、お金をなににお使いですか」

支店長の質問に、先生は答えました。

「研究費です」

すると、先方はびっくり。

「家や子どもの教育のためというのではなく、研究のためにお金を借りにきたのは先生がはじめてです」

「そうですか。でも、研究費が必要なのです」

「では、担保《たんぽ》はございますか」

「ありません」

「わかりました。ただし、生命保険に入ってください」

ふつうは、担保なしでこんなに簡単にお金を貸してはくれません。銀行の支店長はこの先生の心意気《こころいき》に感じ入ったのでしょう。保険を担保にお金を貸してくれたのです。

いまから二十年以上前のことですが、先生が借りた額は、私の年収の何倍にもなる金額でした。でも、このとき身銭を切ったおかげで、そのあと、先生のところには援助がたくさん集まってくるようになったそうです。身銭とは「シード・マネー」、つまり「種」なのです。種をまいてもはえてこないことがありますが、種をまかなかったら、なにもはえてはきません。

私もこのまねをして、一時期、四、五千万円という借金を抱えていたことがあります。大学の一研究者としては破格の金額と言えるでしょう。でも、研究のためにはどうしてもそれが必要だったのです。

あるとき、なにかのひらめきを得て、研究をはじめようという場合、大学に申請《しんせい》して研究費がおりるのを待っていたら、後《おく》れをとってしまいます。お金は銀行から借りられますが、研究は絶対に借りられません。最初に自分で種をまかないと、芽は出てこないのです。「文部省（現・文部科学省）がお金を出してくれないから、研究はできません」では、とうていプロとは言えません。アメリカの研究者にプロが多いのは、彼らが身銭を切っているからです。三年がんばっても成果があがらなければ、才能がないか、運が悪いかです。身銭を切れなくなったら、研究者をやめるしかないでしょう。

そのかわり、アメリカでは、きちんとした実績を残せば、たっぷりと研究費がもらえます。だから、種のまきがいがあります。研究にも力が入ります。遺伝子をONにするきっかけとしては、とても有効です。

日本は研究内容や実績でクビにされることはないかわりに、研究費は乏《とぼ》しいものです。「広く平等に」という考え方で、言い換えれば、日本の学者は「等しく貧しい」のが現状です。「名もなく、貧しく、美しく」も立派な生き方の一つですが、少なくともプロの研究者をめざす者にとっては、まことに劣悪《れつあく》な環境というほかありません。

それでもいままでなんとかやってこられたのは、アメリカやヨーロッパの技術を見習っていればよかったからです。これから科学技術の分野で「日本発」を出そうと思ったら、研究者のプロ集団をつくらなければなりません。

そのためには、個人レベルで自分を追いこんでいくことが必要でしょう。その追いこみの手段として、身銭を切るという方法が有効なのです。

「責任をとる」ことの効用

しかし、個人レベルでいくらその気になってがんばっても、体制そのものが旧態依然《きゅうたいいぜん》のままでは、全体として目立った効果は望めません。体制も変わる必要があります。

体制のほうから変えようという動きが具体化した一つの例が、筑波大学のＴＡＲＡ構想です。ＴＡＲＡは「ツクバ・アドバンスト・リサーチ・アライアンス（Tsukuba Advanced Research Alliance）」の略で、「先端学際領域研究センター」のことです。私はこのセンターのまとめ役をしていました。

設立の趣旨《しゅし》は、これまで垣根《かきね》が高かった産業界、官界、学界が連携《れんけい》して、最先端《さいせんたん》の学術研究を発展させ、その研究成果を積極的に社会に還元《かんげん》していこうというものです。そのため、研究部門や研究者を固定することなく、しかも、日本だけではなく、世界中から広く人材を集めています。

もう一つの大きな特徴は、たとえば専任教官の期限は七年と、研究の期限をきっちりと区切って、その期限内に所定の結果が出なかったら責任をとる、つまり、やめていただくという取り決めをしていることです。

そうなると、当然ながら、個々の研究者があげた成果を正当に評価しなければなりません。評価するのが内部の人間だけでは問題が出かねないので、外部の人も含《ふく》めて審査《しんさ》するシステムになっています。

国立大学でははじめての試みですが、日本の大学改革の一助になればうれしいかぎりです。

いまは役所の建物や道路、橋などに巨額のお金を使う時代ではありません。世界に通用する人材・技術を育てることがなにより必要です。知的財産、つまり人類共通の財産をつくることが、日本の国際貢献《こうけん》になると思います。

必死にがんばっていい研究を続けている人と、研究室で居眠りしているだけの人の給料が同じでは、やりがいも削《そ》がれてしまいます。日本の企業では、仕事の実績によって報酬《ほうしゅう》に差をつけるところも多くなってきました。日本の一部の大学にも、助手に多額の研究費を出すところが出てきています。いま、日本の大学は大きな変革期を迎えています。

大学を真理探究の場として長期的視野で考えることも必要ですが、いまのぬるま湯的なシステムのままでは、飛躍《ひやく》は望めそうにありません。たとえば「七年でダメなら責任をとる」

というように、自主的に自分を追いこむことは、遺伝子を活性化させる一つの方法でもあるのです。

二〇〇四年から国立大学が国立でなく独立行政法人となります。これは国立大学はじまって以来の大変革です。これをチャンスととらえ、大学の活性化につなげてほしいと念願しています。

やる気が出て実力がつく近道

いまの日本の社会はいろいろな意味で戦後の総決算みたいなところがあって、多少の混乱もしますが、新しい芽も確実に出てきています。

これまでは、いい大学を出て、いい会社に就職すれば、一生安楽に暮らすことができ、それが最高の生き方だという考え方が主流でした。しかし、そういった価値観は崩《くず》れつつあります。

いい会社に入っても、いつリストラでクビになるかわからない。それどころか、超一流と言われていた大会社が、ある日突然、倒産したりする時代です。

いま私たちは、かつて経験しなかった急激な変化にさらされています。

戦後、「お国のため」という国家的題目《だいもく》がなくなると、自分の所属する「会社のため」にた。


なり、金儲《かねもう》けが目的になりました。そうすると、当然ながら、損することはしなくなります。その結果、自分の仕事のために身銭を切るという習慣がほとんどなくなってしまいました。

私たちのような研究の世界の場合は、それに悪・平等が加わります。

政府が出費する研究費の総額は世界のトップクラスに近づきつつありますが、それがほとんど均等配分されるため、前述したように、一人一人の研究費はいつも不足しています。

ところが、その不足分を自分で補うという発想もないので、日本の現状ではすぐれた研究ができにくいのです。

アメリカの大学の研究費の配分法は実力主義、あるいは実績主義です。すぐれた研究をする人には惜《お》しみなく研究費が与えられます。そのかわり、ノーベル賞学者でも、受賞後の業績があがらなければ、研究費はすぐさまカットされますから、どんなに偉い学者でもうかうかしていられません。

まして、これからという若い研究者は、十分な研究費にありつけるはずがありません。身銭を切るほかないわけです。だから、アメリカでは、奥さんがはたらいて補助するというケースはめずらしくないのです。

こうした実力主義がすべていいとは思いませんが、日本のような配分では、前途《ぜんと》ある研究者がやる気をなくしてしまうでしょう。もっとも、配分される研究費だけを頼りにしているようでは、ろくな研究もできないかもしれません。

結婚したばかりの若い研究者が、三年間のボーナスを自分の研究につぎこむことは、過酷《かこく》すぎる要求に思われるかもしれませんが、身銭を切ると、俄然《がぜん》、やる気が違ってきます。身銭を切ってやれば、必ず実力がつきます。実力がつけば、お金はあとからついてきます。

「天の貯金」の教え

では、身銭を切りながら、三年たっても成果があがらなかった場合、そのときに使ったお金は無駄になってしまうのでしょうか。

考え方にもよりますが、私はけっしてそうは思いません。

私たちが子どものころは、日本全体がいまのように豊かではありませんでしたが、その中でも私の家はかなり貧しいほうで、おもちゃもろくに買ってもらえず、高校時代は修学旅行にも行かせてもらえませんでした。

家には祖母がいて、祖父が早く亡くなったため、家長のような存在でしたが、その祖母が口癖《くちぐせ》のように言っていた言葉があります。

「うちは天に貯金をしているからね」

母も同じことを言いました。

「いま修学旅行へ行けないのはつらいかもしれないが、うちは天に貯金をしているから、おまえは将来、きっと世界中を旅行できるようになるよ」

しかし、まだ子どもだった私は、この言葉に不満で、「天の貯金なんかより、少しは自分にも貯金をしてくれないかな」と思ったものでした。

ところが、いま思い返してみると、海外渡航《とこう》がまだむずかしかった時代にアメリカ留学ができ、その後も数十回も外国へ出かけて、なんのことはない、ちゃんと母親の言葉どおりになっているではないですか。

「天に貯金する」とは、たとえば、いまここにいくばくかのお金があった場合、そのお金を自分のためだけに使うのではなく、世の中のため、人のために使っておけば、あとで一千倍にも、一万倍にもなって返ってくるという意味です。

「情けは人のためならず」という諺もありますが、その見返りも、自分の代ではなく、子どもや孫の代になって戻ってくればいいではないか、という考え方です。

祖母はこれをよく農家の種まきにたとえていました。

農家の重要な作業の一つに、ふせ込みというのがあります。春に種をまくためには、冬のあいだに土に堆肥《たいひ》などの栄養分を十分に与えておくことです。大きな収穫を期待するなら、十分なふせ込みをしておかなければなりません。これを怠《なま》けると、満足な実りを得ることができません。

人生も同様で、いまはどんなに苦しくても、将来の収穫のための準備を怠《おこた》ってはいけないということを、祖母は「天に預《あず》けておく」という表現で私を諭《さと》していたのです。これは、前述のシード・マネーと同じ考え方です。

たとえ成果が出ないときでも

私は親の言う「天の貯金」の意味が、はじめはよくわかりませんでした。その意味が実感できるようになったのは、研究をはじめて一定の業績をあげられるようになってからでした。

私たちの研究が評価されるのは、オリジナリティにおいてです。ある分野で、いままでにないなにかを見つけること、なにかをつくりだすことに意義があります。

しかし、そのなにかを見つけたり、つくりだしたりする土台となるのは、先人たちの成し遂げた仕事です。かりに私がなにかの研究成果をあげたとしても、それは先人たちの努力のうえに達成できたことで、自分一人の力だけで花が咲くものではありません。

つまり、先輩たちが営々《えいえい》としてきてくれた貯金を、私たちが使わせていただくことで、なんらかの成果を得ることができるのです。

たとえば、いまバイオ技術によって、多方面にたくさんの花が咲きはじめました。しかし、これも一朝一夕《いっちょういっせき》にそうなったわけではなく、何十年という先人たちの地道な努力が土台になって、今日の遺伝子工学の隆盛《りゅうせい》があるわけです。

そうした土台づくりの役割をはたした研究は、あるいは脚光《きゃっこう》をあびることがなかったかもしれません。華々《はなばな》しい成果をあげる研究のかげで、誰からも振り向かれることなく、ひっそりと科学雑誌の片隅《かたすみ》に掲載《けいさい》された論文もあります。

そういう多くの貯金があって、たまたま機が熟した時期に遭遇《そうぐう》した研究者が花を咲かせるという、めぐりあわせがあるのです。

一つの成果が実るとき、その背後には膨大《ぼうだい》な準備期間と、試行錯誤《しこうさくご》の時間が横たわっています。このことをみずからの研究体験を通じて知ったことは、私にとって大きな収穫でした。

未知の領域を対象に研究活動をしていれば、自分がいくら懸命に努力しても、それが実らないこともあります。でも、それも天に貯金をしたと思えば、けっして無駄ではないはずです。将来、誰かが花を咲かせるときのふせ込みなのだと思えば、そうした研究の一端《いったん》に参加できただけでも意義深いことだったと実感できるのではないでしょうか。

素直にそういう気持ちになれたとき、研究者としての私の粘《ねば》り強さが養われたような気がします。

世の中には、なにもかも順調にいく人がいる反面、なかなか報《むく》われない人もいます。報われない人は、自分のしていることの意義をなかなか見つけにくいものですが、どんな些細《ささい》なことであれ、誠実に努力していることは、目に見えない貯金となって天に蓄積《ちくせき》されているのです。

自分のしていることを、自分一代かぎりで考えるのは間違いです。

自分が切った身銭が、自分には戻ってこない場合もあります。でも、自分がここまでくることができたのは、先人がしておいてくれた貯金の恩恵を受けたからです。そして、自分の貯金は、いつか必ず子や孫、あるいは社会の誰かの役に立っていきます。

第九章　免疫力やホルモンへのはたらきかけ

私が企画した大実験

二〇〇三年一月十二日、つくば市のノバホールでは千人以上の観衆が笑いの渦《うず》に包まれました。往年《おうねん》の超人気漫才《まんざい》コンビ、B&Bの約一時間にわたる生《なま》公演が行われたのです。

私はこのイベント(実験)のために、半年も前から準備をはじめました。まず、吉本興業《よしもとこうぎょう》の林裕章《はやしひろあき》社長や東京代表の横沢彪《よこざわたけし》氏に直接会って協力を申しこみ、快諾《かいだく》を得ました。

次に、会場探しです。最初は百名から二百名の会場を探しましたが、なかなか適当な会場が見つからず困っていましたが、たまたま、千人を収容できる大会場が空《あ》いていました。しかし、はたして千人の人が集まるか自信がありませんでした。私は、つくば市でいろいろな会議や講演会の開催《かいさい》にかかわってきましたので、つくば市で千人の観客を集めることが、いかにたいへんかということをよく知っていました。

千人を収容できる会場で、二百~三百人の観客では会場は盛りあがりません。この実験を成功させるためには「よし、千人の観客をぜひとも集めよう」と決心しました。

私は研究現場に四十年以上いますが、大きな実験を成功させるためには、「この実験を絶対に成功させるぞ」というリーダーの熱い思いが絶対に必要であることをよく知っていました。そこで、マスコミ、ミニコミ、口コミとあらゆる手段を使って、このイベントの開催を宣伝しました。そして、その反応から、「これはいけるぞ」という手応《てごた》えを感じだしました。

それでも少しは不安でしたが、当日は千人以上の人が集まり、立ち見が出るほどの大盛況《だいせいきょう》でした。当日、わざわざ東京代表の横沢さんが会場にこられ、この様子を見て、これで八〇パーセント以上はすでに成功したと太鼓判《たいこばん》を押されました。

横沢さん自身が最初にウイットに富んだパフォーマンス入りの挨拶《あいさつ》（業界用語でツカミと言うらしい）をして、みんなの心をツカミ、なごませてくださいました。それから、いよいよ本番のB&Bの漫才に入りました。

なにしろ世界ではじめての「心と遺伝子」の実験です。B&Bも気合が入っているように見え、爆笑の連続でした。私も、おなかがよじれるほど笑いました。終了後、横沢さんに聞いたところ、B&Bは観客の反応を見ながら話のストーリーを変えて、会場を盛りあげていたようです。

副作用のない最良の薬

日本の諺《ことわざ》では「笑う門《かど》には福来《きた》る」と言い、西洋では「笑いは副作用のない最良の薬」と言われていますが、笑うことが人々の健康によい影響をおよぼすだけでなく、病気の治療にも役立つ場合があるということは、医療の現場でもかなり前から知られ、実践されてきました。

たとえば、加療中のガン患者に喜劇や落語などを観賞してもらったところ、自然免疫《めんえき》の中心的役割をはたすNK細胞の活性が上昇したとか、アトピー性皮膚炎の患者に漫才のビデオを続けて見てもらったところ、症状に改善が見られたなど、非常に多くの臨床《りんしょう》報告がありま す。

笑いの自然治癒力《ちゆりょく》に与える効果について、生理学的な見地から最初に着目したのは、アメリカのジャーナリスト、ノーマン・カズンズ氏の闘病記でしょう。

彼はコロンビア大学を卒業後、ニューヨーク・タイムズの記者などを経て、雑誌「サタデー・レビュー」の編集長を三十年もつとめた名高いジャーナリストですが、一九六四年、五十歳のときに、外国旅行から帰国した直後、突然、膠原病《こうげんびょう》という難病に襲われます。

膠原病にもいくつかの種類があって、カズンズ氏のケースは強直性脊椎炎《きょうちょくせいせきついえん》でした。発熱、全身の激しい痛み、硬直化、手足も動かせなくなって、やがて脊椎が変形してきます。この病気はいまだ原因がはっきりと解明されておらず、したがって、決定的な治療法も確立していません。彼は医師から、全快のチャンスは五百分の一と言われたとのことでした。

そのときにカズンズ氏は、「医者に見放されて、もうダメだ」と思うのではなく、こう考えたといいます。

「なにもかも、医師にまかせっきりにしていたのではダメだ。自分でも、なんとかしなくては……」

そこで彼はいろいろと考えたすえに、病院で投与されている薬をすべてやめて、人生の明るい面だけを考えるようにしようとの結論に達します。そして、気持ちを明るく保つ方法として、笑いを取り入れたのです。病室にユーモアあふれるコミック、映画やテレビ番組のビデオなどを大量にもちこみ、それを見ては意識的に大声で笑うようにしたのです。

十分間、腹を抱えて笑うと、少なくとも二時間は痛みを感じないで眠ることができ、そして、笑う前後の血沈《けっちん》測定などの検査によって、明らかな効果を確認します。

笑いだけでなく、おもに疲弊《ひへい》した副腎皮質《ふくじんひしつ》への対応としてビタミンCの服用も併用《へいよう》していますが、それを続けていたところ、当初はほとんど助からないだろうと言われていたのが、なんと二週間後には退院して歩けるようになり、数ヵ月後には職場に復帰することができたのです。

カズンズ氏はこのときの闘病体験記を十二年後に臨床医学の専門雑誌「ニューイングランド医学誌」に発表して、「難病を笑い飛ばした男」として大きな反響を呼びます。

また、ノーマン・カズンズ氏は日本では広島の原爆孤児への救援《きゅうえん》活動によってもよく知られていますが、難病克服《こくふく》後はさらに医学への造詣《ぞうけい》を深め、のちにカリフォルニア大学医学部大脳研究所教授をつとめます（一九九〇年に七十五歳で死去）。

彼の著書『笑いと治癒力』（松田銑訳　岩波現代文庫）は日本でも翻訳出版され、多くの人に生きる力と希望を与えています。

生命はまだまだ未知数

ところで、笑いと免疫力活性との因果関係について、まだ完全に科学的に立証されているわけではないので、「笑うだけで治《なお》るなら、医者なんかいらないじゃないか」と、反発する医学者もいます。

それならば、現代医学をもってすれば、どんな病気も治すことができるかといえば、明らかにノーです。たくさんの治療法があり、いろいろな薬が開発されたけれど、これだけ医学が進んでも、治らない病気はたくさんあります。

もちろん、西洋医学は否定できないし、人類の歴史における貢献度《こうけんど》は大きいけれど、いまの西洋医学は明らかに限界にきているような気がします。

私は長いあいだ生命科学の研究にたずさわってきましたが、はっきり言って、生命のことはまだほとんどわかっていないのが現状です。わかっていないものが、根本的に解決できるわけはありません。

したがって、お医者さんの役割は、あくまでもヘルプです。もちろん、ヘルプは必要だし大切なものですが、ヘルパーはヘルパーであって、オールマイティではありません。

そこで、いまの西洋医学にはなにか抜けているものがあるのではないかと考えたとき、思いあたったのが、心とか気持ちの部分です。

これまでの医学、とくに西洋医学では、人間の心の部分がほとんど無視されてきたと言えるでしょう。心のことはむずかしいから放っておいて、臓器《ぞうき》とか、細胞組織とか、物質的な面ばかりを追究してきた。薬だって、物質そのものです。医療の現場で臨床心理学が重視されるようになってきたのは、最近のことです。それもまだ不十分です。

私は以前から、「あなたの思いが遺伝子のはたらきを変える」と言ってきましたが、しかし、科学者を納得させうる十分な証拠はなく、あくまでも仮説にすぎませんでした。

しかし、まるで根拠のない仮説ではありません。現実に、科学の助けを借りなくても、心が身体に大きな影響を与えることは誰でも知っているはずです。同じ量のエネルギーを使っても、おもしろいことをやっているときには疲れないし、いやなことをやらされていたら疲れます。このことは、科学的に証明してもらわなくても、みんながわかっています。

そうした身体のはたらきや変化は、遺伝子が関係しているからに間違いありません。

それならば、これを逆手《さかて》にとって、おもしろいこと、楽しいことを意識的にやれば、遺伝子に変化が起こって、つまり、好ましい遺伝子がONになって、身体の悪いところがよくなってくる場合があるのではないか……。

そういう分野をやろうと思えば、心が身体のどこにどのような影響をおよぼすのかということをつきとめなければなりません。そこで、「人の思いや心のもち方が遺伝子になんらかの影響をおよぼすのではないだろうか」との仮説を立ててみたわけです。

前述したように、遺伝子は身体の司令塔《しれいとう》です。いわばマスターキーを握っているわけですから、これを抜きにしては、身体のことは語れません。

いままでは遺伝子のはたらきまではよくわかっていなかったので、生理学的なアプローチから、免疫活性が上昇したとか、ホルモンの分泌《ぶんぴつ》が増えたとか説明されてきました。でも、ホルモンや酵素《こうそ》ももとをただせばタンパク質です。免疫力をつけるためには免疫タンパク質が必要です。そうしたタンパク質を、いつ、どこに、どれだけつくるかを指示しているのが遺伝子なのです。

思いとか心のもち方が遺伝子に影響を与えるかどうか、与えるとしたら、どのように作用するか、ここがわかれば、遺伝子をはたらかせたり休ませたりすることが、ある程度、意識的にできるようになるのではないか……。

そこでまず考えたのが、そのときの気持ちを、きわめてわかりやすいかたちであらわす笑いについてです。カズンズ氏の著書や医学の現場での笑いの効用についての、かずかずの報告にも興味がありましたので、まずは、その点をはっきりとした実験データにとってみようと考えてみたわけです。

糖尿病患者の血糖値が下がった

この実験は、私が理事をしている国際科学振興《しんこう》財団と吉本興業の共同作業として進められました。国際科学振興財団は筑波大学が誕生したとき、経団連が力を入れてつくった産学協同のための研究財団です。一方、吉本興業といえば、誰もが知っている日本を代表する「お笑いの総合商社」。硬と軟、この両者の結びつきなど、まずふつうの人では思いつかないでしょう。まさに素人《しろうと》発想のなせる業《わざ》です。

私は長年にわたって、高血圧の黒幕《くろまく》的存在であるレニンという酵素や遺伝子の研究をしてきましたが、今回、笑いの効用を調べる実験には、高血圧と並んで成人病（生活習慣病）の一つとされる糖尿病《とうにょうびょう》を対象に選びました（世界保健機関によると、現在、世界で一億四千万人以上の人が糖尿病であると推定されています。そして、二〇二五年までに、その数は二倍になる可能性があります。日本でも境界領域を入れると、十人に一人は糖尿病です。そして、糖尿病はブドウ糖が体内に取りこまれないため、いくつかの肝要《かんよう》なメカニズムが機能しなくなり、生命が危険にさらされかねません)。糖尿病の指標《しひょう》となる血糖値《けっとうち》は、いまではわずか一滴ほどの血液で簡単に測ることができ、結果が明白で、検査がやりやすいからです。

こうした実験は世界でもはじめての試みですが、糖尿病専門の病院とタイアップし、被験者として二十五人の糖尿病患者に二日がかりの実験に協力していただきました。もちろん、実験のことを事前によく説明し、ご本人の了承を得たうえで。

この実験には筑波大学の医学系の先生と看護師さんにも参加してもらいました。糖尿病にもいろいろなタイプがあり、被験者のタイプがまちまちでは整合性《せいごうせい》に問題があるので、できるだけ同じようなタイプの糖尿病患者(糖尿病の九割を占《し》めるII型)を選んでもらいました。

一日目は、昼食の直後に五十分間、医学部の助教授が、糖尿病のメカニズムについてなど、かなり専門的な講義をしました。わざとつまらなくやるのではなく、いつも学生の前でやっているとおりに講義をしてもらったのですが、だいたい大学の授業というのは単調でおもしろくないものです。専門家でない被験者たちは、退屈するばかりだったでしょう。

次の日は一転して、やはり昼食直後の同じ時間に、前日の講義と同じ時間分だけ、漫才の実演を観賞して、おおいに笑ってもらいました。この二日間、食事などの日常生活は同じで、違っているのは講義と漫才だけです。そして、講義と漫才の前とあとで、それぞれ血糖値を測定し、両者を比較してみたわけです。

漫才の実演を担当したのは、吉本興業から派遣《はけん》していただいたB&Bのお二人。いまどきの若手ではなく、ベテランにしてもらったのは、糖尿病の患者さんが平均六十三歳で、B&Bの全盛期をよく知っているからです。

一日目の講義は二十五人だけに受けてもらいましたが、二日目の漫才公演は、大きなホールで、公募で集まってくれた一般の人と一緒に観賞してもらいました。

教室で二十五人だけを前に漫才をしてもらっても、やるほうも、聴《き》くほうも、あまり盛りあがりません。被験者たちにできるだけ笑っていただかなければなりませんから、そのための雰囲気づくりも大切です。

どれくらいの人が集まってくれるか心配でしたが、なんと千人もの人たちが漫才を聴きにきてくれたのです。もちろん、一般の人たちは、どの人が糖尿病患者なのかはまったく知りません。

私はB&Bの漫才を生で聴いたのははじめてでしたが、以前にテレビで見たのとは迫力《はくりょく》が違います。おおいに笑わせてもらいました。しかも、千人の人が一度にドッと笑うわけですから、そうなると、漫才師のほうもますます乗ってきます。それがまた大きな笑いにつながって、被験者にできるだけ笑っていただくという目論見《もくろみ》は大成功でした。

食事のあとでは、誰でも血糖値が上がりますが、糖尿病の人はその上がり方が顕著《けんちょ》なのが特徴です。前日の専門的な講義のあとで測定したところ、ふだんと変わりなく血糖値が急激に上がりました。血液百ミリリットル当たりの血糖値はなんと平均で百二十三ミリグラムも上昇したのです。

ところが、翌日、漫才を聴いておおいに笑ってもらったあとで血糖値を測定したところ、患者さん全員、上がり方が極端に落ちて七十七ミリグラムしか増えず、なんと前日と平均で四十六もの差が出たのです。

仮説どおりに差が出ることを期待していましたが、現実にこれほどの差が出るとは思ってもいなかったので、正直言って驚きました。これまで、医療の現場では、血糖値を下げるためには、インシュリンを注射するか、食事制限や運動をするくらいしか思いつかなかったようです。笑っただけで劇的に下がったことに、糖尿病のお医者さんですらびっくりしていたほどです。

しかも、あとでそれぞれの患者さんに、漫才がどのくらいおもしろかったかを聞いているのですが、「とてもおもしろかった」と答えた人のほうが、「そこそこにおもしろかった」と答えた人より、よけいに下がっていたのです。つまり、よく笑った人ほど効果があったわけです。

たんなる治癒力が上がったというような漠然としたものではなく、血糖値の低下という明確なデータとなって効果があらわれたことがとても重要だと思います。

この結果は、アメリカ糖尿病学会誌（ダイアベーティス・ケア）で発表され、その直後、ロイター通信を通じて全世界に発信されました。

「血糖降下遺伝子」がＯＮに

ところで、糖尿病の指標である血糖値は、血液中のグルコース濃度を測るのです。このグルコースは体内のエネルギー源としては、もっとも大切なもので、とくに脳のエネルギー源としては必須《ひっす》成分です。したがって、グルコース濃度は、体内では非常に厳密に一定値を保つようにコントロールされています。

多すぎても困るが、少なすぎると昏睡《こんすい》におちいります。その一定値を保持するのに、大きな役割をはたしているのが遺伝子です。

食事をして血糖値が上がると、体内のグルコース合成に関係する遺伝子のスイッチがＯＦＦになって生産をストップし、逆にグルコースを消費する遺伝子をＯＮにして消費を促進し、グルコースの濃度を一定に保ちます。

反対に、食事をとらないで空腹になり血糖値が下がると、遺伝子のＯＮ・ＯＦＦのスイッチが逆転します。このようなみごとなＯＮ・ＯＦＦ機構により血糖値が一定に保たれているのです。これを、ホルモンやタンパク質で、次に説明します。

この調節にはたらくホルモンとして、もっともよく知られているのがインシュリンです。このインシュリンは、「血糖を消費せよ」と臓器や組織に命令を下します。しかし、身体が反応するためには、多くのホルモンやタンパク質があいだに入り、伝言ゲームのように命令を次から次へと全身に伝えます。脾臓《ひぞう》細胞などに血液を送りこみ、血糖を消費させるためのタンパク質もあります。また、血糖の供給量も、多くの遺伝子やタンパク質の連係プレーで調節されているのです。そして、肝臓に貯蔵したグリコーゲンをグルコースに分解したり、糖分を消化・吸収したりする速度を変えるのです。

「笑いの実験」では、インシュリンの増産や、その利用効果の促進など、血糖値を抑制する方向にはたらくタンパク質が、いつもより多くつくられたのに違いないと考えられます。私たちは、楽しい気分が脳の一つの遺伝子をまずONにし、身体全体の生理状態を変えたと予想しているのです。

この遺伝子を「血糖降下遺伝子A」と名づけました。これが血糖値の降下の引き金を引くのです。たった一つの遺伝子のON・OFFで全身が変化するということは信じがたいと思われるでしょうが、遺伝子が目覚める仕組みを見れば理解できるのです。

まず、笑いの刺激で血糖降下遺伝子AがONになり、血糖降下タンパク質Aがつくられます。このタンパク質は血糖値を下げるはたらきをする一方で、はたらきが封印《ふういん》されていた血糖降下タンパク質Bの遺伝子BをONにしてタンパク質Bをつくります。タンパク質Bは血糖降下タンパク質Cの遺伝子を目覚めさせます。タンパク質C、D……と、まるで、玉突きのように連鎖《れんさ》反応が進みます。

一つのタンパク質が複数の経路《けいろ》につながることもありえます。このため、全身に影響がおよびます。このような連鎖反応ではなく、多くの遺伝子が同時にはたらくことも考えられます。

とにかく、現在の医学では、糖尿病発症のメカニズムは、まだほとんどわかっていません。したがって、治療法も、運動することや食事制限することなどだけで、根本的な治療はできないのです。

もしも、笑いで最初に目覚める遺伝子が、誰も予想していない遺伝子だったら、糖尿病の教科書は書き換えられ、その治療法が根底から変わるかもしれないのです。

それを確かめるために、健康な大学院生に協力してもらい、遺伝子が目覚めているかどうかがわかるDNAチップ法という新しい検査方法を使い、千五百種類の遺伝子を調べています。まだ予備的な結果ですが、笑いによりON・OFFする候補遺伝子の見当がつきはじめています。これを糖尿病患者に応用するための、本格的な実験の準備をはじめているところです。二〇〇三年度中には、その結果の第一報を出す予定でいます。

ほほえみから思いだし笑いまで

じつは、笑うことにより病気が軽くなる事実は、前に述べた以外にも、いくつか報告されています。高血圧、脳卒中《のうそっちゅう》、動脈硬化、心臓病、ガンなどの生活習慣病だけでなく、ボケ、うつ、風邪《かぜ》、肺炎にいたるまで笑いがよい効果を上げると言われています。どこまで厳密な科学的検討がなされているかは、よく知りません。これらの多くの病気に、本当に笑いが効果あるかどうかを科学的に確かめるには、厳密な対照実験が必要です。

すなわち、笑い以外はすべて同じ状態にして、効《き》いたのかどうかをはっきりさせ、そして、その効き目について統計学的に意味があることを証明する必要があります。しかし、予想以上に効果的であるのは確かなようです。

たとえば、笑いは脳細胞に新鮮な血液を送り、脳卒中を予防する効果があると言われています。事実、笑いは脳、とくに左脳の血流量を増加させることや、脳の中でも記憶や感情をつかさどる脳深部のはたらきを刺激すると報告されています。

また、ほほえみは抗酸化作用をもつホルモンであるメラトニンの、脳内での分泌を促《うなが》し、動脈硬化の予防が期待されています。さらに笑いは、ノルアドレナリンの分泌を減少させることにより、高血圧や心臓病の危険因子を減らすこともあります。

しかも、たいへん興味深いことに、笑いは、自然の大笑いやほほえみだけでなく、つくり笑いや思いだし笑いでも効果があるというのです。さらに、アメリカでの実験で、日ごろからユーモアで人を笑わせている人は、他の人に比べて、唾液《だえき》中の風邪予防の免疫物質イムノグロブリンAが多いというのです。笑う人だけでなく、笑わせる人にまで身体によい影響があるということになります。

昔から、笑いが起きるのはなぜかという問題は、多くの人々の関心を集めてきました。プラトン、アリストテレス、カント、ショーペンハウエル、ベルグソン、フロイトなどの大哲学者、大心理学者だけでなく、進化論で有名なダーウィンまでもが笑いについての考察を発表しています。

その中で、笑いは優越感、ずれ、不調和、感情の放出、価値の低下を感じたとき起こると説明しています。たとえば、価値の低下は、有名大学教授が簡単な算数を間違えたり、王様がばかばかしい行動をする、などです。ある部族では、年に一日だけは王様を徹底的に笑いのめす習慣があるという話を聞きました。

これは、みんなの抑制されていた感情を放出し、ストレスを発散するのに役立つのでしょう。最近では、笑いがストレスの解消や病気の治療に役立つことがわかりはじめ、遺伝子レベルの研究にまで入ろうとしているのです。

恋愛感情とセロトニン

人間の潜在《せんざい》能力、つまりOFFになっている部分をなんらかの作用によってONにできる可能性は、誰もが等しくもっています。その意味で能力とは新しく身につけるものではなく、もともともっていた力を目覚めさせる性質のものだと言えます。

しかも、人間の遺伝情報にはまだ九七パーセント以上もの不明部分がありますから、なにが潜在能力としてひそんでいるかは想像もできません。それこそ無限に近い力が私たちの内部には眠っているはずです。

そして、いま眠っている遺伝子も、周囲の環境や外からの刺激によって、目覚めさせることができます。つまり、DNAのはたらきは変えられるのです。しかも、この環境や刺激には、当人の心のもち方や精神的な作用も含《ふく》まれているということが、しだいに明らかにされつつあります。

ノーマン・カズンズ氏の体験や、私たちのグループによる糖尿病患者を対象とした実験の結果は、笑いとか楽しいといった精神状態になることが、心のみならず、肉体も活性化し、病気を改善に向かわせることの証《あかし》と言えます。

そして、最近、意識が遺伝子のON・OFF機能に作用することを裏づける有力な実験結果が発表されています。

恋をすると、あるタンパク質の量に変化があらわれるという事実が、科学的に確かめられたのです。

遺伝子のはたらきはタンパク質をつくることですから、そのタンパク質の量が変動するということは、遺伝子のON・OFF機能に変化があったことを示しています。その量的変化の引き金になったのは、恋愛感情という心の領域に属するものだったのです。

イタリアのピサ大学精神医学研究所の研究者が、恋愛中の学生二十人を対象に調べたところ、セロトニンという神経伝達物質のはたらきが落ちていることがわかりました。セロトニンが少なくなると、人間は興奮状態に、いまどきの言葉で言えば、ハイな気分になります。

セロトニンはアミノ酸の一種であるトリプトファンからつくられますが、水に溶《と》けにくい物質で、体内ではたらくために、ある種のタンパク質（運び屋）と結合することによって血中を運ばれていきます。

この実験では、学生たちに一日のうち最低でも四時間、恋人のことを集中して思ってもらいました。すると、運び屋タンパク質の量が四〇パーセントも減少し、その結果、セロトニンのはたらきが鈍《にぶ》くなっていることがわかったのです。

ということは、ある種の興奮状態がタンパク質の量に変化をおよぼし、その結果、肉体に生理反応をも呼び起こしたということになります。

さらに、その後も半年から一年半くらい実験を継続した結果、その間に恋が終わったり、熱烈な恋愛感情が冷めてきた人の運び屋タンパク質の量は、もとに戻ったといいます。

これだけでは科学的な実証性に乏《とぼ》しく、恋愛感情の高まりとセロトニンの変化の因果関係がはっきりしませんが、心と遺伝子のはたらきのあいだに、なにがしかの因果関係が認められることの有力な例証にはなると思います。

この実験のおもしろいところは、恋は一種の精神的病《やまい》（恋わずらい？）とみなして、実験がはじまったところです。

アメリカの大学で行われた別の実験では、怒りの感情を抑えるのが苦手《にがて》な人、つまり「キレやすい」人の脳を診断したところ、やはりセロトニンと結合するタンパク質の量が、ふつうの人より少なかったという結果が出たそうです。

人の能力や生き方の幅を広げる

セロトニンは人間の精神状態にかかわるホルモンで、心が遺伝子に与える影響の指標となる物質とも言えますが、しだいにこういうことがわかってくると、恋人の本心はタンパク質の量で測ることができるようになる、言い換えれば、恋愛感情も数値化できるという、いささか味気ないことにもなりかねません。

でも、心のもち方が身体のはたらきに影響を与えることなら、私たちは昔から経験的によく知っています。たとえば、恋をすると女性の肌がきれいになるというのもその一つです。

恋愛のわくわくした気分が肌を美しくするホルモンを分泌させ、さらにホルモンをつくるはたらきを高めるからです。

「惚《ほ》れて通えば千里も一里」と言いますが、好きな人に会いにいくための一キロの道のりと、嫌いな人に会わなければならない一キロの道のりとでは、後者のほうがずっと疲れるし、遠く感じられるでしょう。これも、たんなる気のせいだけではなく、体内でなんらかの化学反応が起きている可能性があります。

精神的なストレスがいろいろな病気の引き金になったり、病状を悪化させたりすることはよく知られています。精神的要因から肉体的疾病《しっぺい》を起こす、いわゆる心身症は、現代を特徴づける一つの現象にもなっています。

このように、私たちの想像する以上に、精神性、心のもち方は身体に大きな影響を与えていて、その影響の根本因子こそ、遺伝子とそのＯＮ・ＯＦＦ機能にあると私は考えています。

遺伝子とはけっして固定されたものではなく、遺伝子のON・OFF機能には後天的な柔《じゅう》軟性《なんせい》があって、環境の変化や心のあり方でそのはたらきが変わってくるのであれば、トレーニングや節制や心がまえしだいで、眠っていた遺伝子のはたらきをONにして、健康や能力の開発につなげていくことも可能になります。

こうして私たちは遺伝子に、遺伝を決定する、生体活動を恒常的《こうじょうてき》に支えるというはたらきのほかに、あらゆる能力や可能性の源《みなもと》としての側面を見いだすことができるでしょう。

遺伝子は、生まれつき変えることのできないファクターではなく、能力や生き方の幅を広げるための可能性の因子でもあるのです。

第十章　「サムシング・グレート」の力！

「五億円事件」が発生

最初の出会いでビビッときたとかで、そのまま結婚した女性歌手がいましたが、私にも似たような経験があります。残念ながらみめうるわしい女性との出会いではありませんが、私たちの研究室にとっては忘れられない奇跡的な出来事が、最初の出会いで起きたのです。

いまから十何年も前の出来事です。経営者団体の一つである経済同友会から、「バイオ関係の話をしてほしい」と依頼され、講演に出かけました。

話がすんだあと、秩父《ちちぶ》セメント（現・太平洋セメント）の諸井《もろい》虔《けん》社長（当時）が、一席設《もう》けてくださって、お酒を酌《く》み交《か》わしながら、いろいろな話をする機会を得ました。その中で、私の研究に賭《か》ける心意気と夢を語りました。そのとき、こんなことを聞かれました。

「先生はいま、なにがいちばんほしいと思われますか」

すかさず、私は答えました。

「お金ですね」

初対面の相手にも、簡単に本心を明かしてしまうのは、私のもって生まれた性格のようです。この答えに諸井さんはちょっと驚いた様子でした。

「ほう、お金ですか？」

まさか、学者は霞《かすみ》でも食べて生きていると思っておられたわけでもないでしょうが、「お金」というむきだしの言葉が意外だったようです。

「お金といっても、自分たちのための豪邸《ごうてい》を建てたいわけではありません。研究費のことですけどね」

すると、また怪訝《けげん》な表情です。

「でも、先生のところは国立大学でしょう。研究費なら文部省から出るでしょう？」

「出ることは出ますが、それだけではとても……」

私は苦笑《くしょうま》交じりに、薄く広くという日本の研究費の実情を説明しました。

大学院の学生が研究室に一人いると、私たちの分野では年間百万円の研究費がかかります。ところが、文部省から支給される額は、一人年間十万円。これでは九十万円の赤字です。研究室に大学院生が三十人いると、年間三千万円かかりますが、文部省からはわずか三百万円しか出ません。これでは、とても活発な研究活動はやっていけないのだ、と。

現に、私の研究室は大きな赤字を抱え、前述のように私自身、多額の借金を抱えていました。愛人に貢《みつ》ぎこんだわけでもなければ、株やギャンブルに入れこんだわけでもありません。すべて研究費です。

私は日ごろから、教室の学生には「身銭《みぜに》を切らなければいい研究はできない」と言いつづけ、率先《そっせん》して身銭を切ってきましたから。いまだから言えますが、じつはその当時、自己破産を覚悟するくらい、経済的に逼迫《ひっぱく》し、一大窮地《きゅうち》に立たされていたのです。

諸井さんにはそこまでは言いませんでしたが、「なにがほしいか」と問われて、それ以外に答えようがなかったのです。

「なるほど、そんなに足らないんですか。で、どのくらい必要なんです?」

「そうですね、せめて、年間一億円くらいあったら……」

と軽い気持ちで答えました。そして、その夜はそれでお開きとなりました。

ところが、それから一週間後に諸井さんから連絡があって、またお会いしたところ、その口から出た言葉に、私は思わずわが耳を疑いました。

「先生の研究室に年間一億円、五年で五億円のお金をわが社で出してもいいですよ」

私は呆気《あっけ》にとれら、しばらく口がきけませんでした。「年間一億円」は私の口から深く考えずに出ただけで期待していませんでした。そんな額は、私の研究室だけではとうてい使いきれません。ドイツやアメリカの研究者と組むとか、あるいは日本のいくつかの機関と共同研究ができるほどの金額なのです。

「社長さん、冗談《じょうだん》はやめてください。学者というのは根が正直だから、本気にしちゃいますよ」

ところが、冗談どころか、まったく本気の話で、どうやら一週間のうちに会社の重役会の承認も得ていたらしいのです。

本気だとわかると、こちらとしても急に恐ろしくなって、「本当に協力していただけるならありがたいのですが、そんな高額なお金を……」。

「なにもタダであげようというのではない。これは投資なんですよ」

少しずつ気持ちが落ち着いてくると、今度は心の中で、「それだけあったら……。これは願ってもないチャンスだぞ」などと、しきりに皮算用《かわざんよう》です。

ただ一つ気になることがありました。このように企業からお金を出していただく場合、たとえ百万円でも暗黙《あんもく》のうちに見返りを期待されるのがふつうです。利潤《りじゅん》追求を目的とする企業なら、当然の条件です。まして、年間一億円ともなれば、それ相当の具体的な利益のあがる成果を出さなければなりません。

しかし、私たちの研究は主として基礎研究ですから、お金を出してもらったからといって、すぐにスポンサーの利益に結びつくことはめったにありません。

「そのような金額はうちだけでは使いきれませんから、ネットワークをつくって、外国の研究所とも共同でやるなど、価値のある研究に使うことはお約束できます。しかし、研究の性質上、その成果によってはおたくの会社にはなんの見返りもないかもしれませんよ。それでもよろしいのですか」

諸井さんは平然と言い放ちました。

「もちろん、それでけっこうですよ」

そんな信じられないようないきさつから、年間一億円のお金が五年間、外国の研究室を含《ふく》む私たちの研究室に入ってくることになりました。おかげで重くのしかかっていた借金はすべてなくなり、身も心も軽く研究に全力で打ちこめるようになりました。かつて三億円事件というのがありましたが、この出来事を私たちは「五億円事件」と称して、いまだに研究室の語り種《ぐさ》になっています。

「ビビッときた」から

それにしても、諸井さんとは講演のときが初対面です。それにもかかわらず、なぜこのようなことが起きたのでしょうか。

あとで諸井さんの知りあいが、なぜ、私の研究室に五億円も出す気になったのか聞いたところ、こう答えられたそうです。

「あの先生の話を聞いていたら、ビビッときたんだよ」

ビビッときた瞬間、諸井さんの遺伝子にスイッチが入って、「よし、これだ!」ということとになったのではないでしょうか。

諸井さんから申し出があったとき、じつは私もビビッとくるような衝撃を受けていました。財界にもすごい人がいるものだなと、強烈な感動を覚えたものです。

どうやら、当時は秩父セメントでも経営の多角化を図《はか》っていて、新しく進出する分野として、脚光《きゃっこう》をあびていたバイオテクノロジーに目をつけていたようです。このくらいの規模の企業なら、先行投資の額として五億円はなんでもなかったかもしれません。たとえば、自前で土地を購入し、人を雇《やと》って新たにバイオ研究所のようなものをつくっていたら、とても五億円ですむ話ではありません。プロジェクトをスタートさせながら、うまくいかなくて途中で撤退《てったい》するさいのことを考えたら、既成《きせい》の研究施設への丸投げのほうがずっと賢明《けんめい》な選択だったのかもしれません。

新しい分野への進出に関する研究の委嘱先《いしょくさき》として私たちの研究室が選ばれたのでしょうが、研究内容や成果になにも条件をつけなかったところが、諸井さんのすごさだと思います。

ちなみにその結果ですが、五年間、半年に一度くらいのわりで諸井さんはじめ経営陣の前で研究報告をし、残念ながら現実の儲《もう》けにはつながらなかったけれど、特許も取得しました。そして、この研究はエイズ治療薬の開発に役立つという思いもかけない成果につながっていきました。

細胞一つが一個の独立した生命体

細胞は脳の指令によってもはたらきますが、同時に細胞そのものが一個の独立した生命体として生きています。遺伝子ON・OFFを考えるとき、このことはとても重要です。

現実の人生は、いつも元気はつらつというわけにはいきません。仕事がうまくいかなかったり、人間関係で不愉快な思いをしたりすると、気分が落ちこんできます。

こういうときにそこから脱出するには、元気の出る遺伝子をONにすればいいわけです。

その方法は、私たちが長年生きてきた知恵の中から導きだすことができます。そういった知恵の一つが、「感動する」ということです。

そのとき、とても感動できるような状態でなくても、以前に経験したことがある感動的な場面を思いだすだけでもいいのです。かつての感動シーンにつながる、古いアルバムを引っぱりだしてくるとか、思い出の音楽を聴《き》きなおすとか、その場に行ってみるとかするのもいいでしょう。

感動とは大いなる喜びと心地よい興奮が一緒になったものです。私たちの場合、一つの研究を仕上げたときなどにそれを強く感じます。いい論文ができたときにも、なにものにもかえがたい感動に打たれます。私は感動のあまり、仕上げたばかりの論文を一晩中、抱いて寝たこともあります。

自分がしあわせだったと思うのは、遺伝子とつきあうようになったことです。遺伝子とつきあうことは、生命の仕組みとつきあうことにほかなりません。生命の神秘にふれる機会が多ければ、それだけ感動する機会にもめぐまれます。

笑うことも同じですが、感動するとき、遺伝子はけっして悪い方向へははたらきません。なにかに感動したときの心地よさは、誰でも経験しているところでしょう。私の中にもいろいろ好ましくない遺伝子はあるはずですが、感動することで、そういう遺伝子を眠らせ、よい遺伝子をONにすることができると思っています。

「感動」はあるが「知動」はない

感動とか感激など、感性とは内側から湧《わ》きだしてくるもので、けっして理屈ではありません。うれしいときにはうれしさが込みあげてくるし、悲しいときには沈んだ気持ちになります。感性は絶対にうそをつきません。その意味では、理性よりも感性のほうが人間の本性に近いと思います。

人間は論理や理屈だけでは本当には動きません。「感動」という言葉はあるけれど、「知動」という言葉はありません。感じたから動くのです。

たとえば、いまの科学などは理性一本槍《いっぽんやり》で、どちらかといえば、感性を殺してきたところがあります。しかし、感性を殺せば、人間の本性まで殺しかねません。

感受性というと、なにか受け身的な感じがしますが、人間の感性とはただ受け取るだけでなく、発信していくものでもあるし、そうしなければならないものだと思います。

前述したように、科学者や技術者は世間的にはあまりめぐまれているとは言えません。それでも、研究に没頭《ぼっとう》できるのは、そのプロセスで感動や予想もしない驚きと出会えるからです。そのわくわくするような気持ちを、忘れられないからです。

涙が流れるとき

人間は毎日のように体内から、さまざまなものを排泄《はいせつ》して生きています。大便、小便、汗……耳からも、鼻からも、口からも排泄します。また、髪の毛を切り、爪《つめ》を切ります。排泄、分泌《ぶんぴつ》しなければ、私たちは一日たりとも生きていくことはできません。

ところで、いま右にあげた排泄物は、どれもこれも排泄されたとたんに汚物《おぶつ》になります。身体の中にあるときは、誰も汚《きたな》いものとは思っていないのに。

うら若い女性でも、「今日で三日も出ないのよ」などと平気で口にしています。それが排泄されたとたん、完全な汚物と化し、誰も近寄ろうとしなくなります。鼻水も、唾《つば》も、ヨダレも、血液も、体外に出たとたん、私たちは汚物と感じてしまいます。

こうした現象がどうして起こるのか、私にもよくわかりませんが、そうした中でただ一つ例外といっていい排泄物があります。それは涙です。

涙も体内から外に出るという点で、排泄物の一つにみなされます。しかし、涙をほかの排泄物のようにいやがる人はいません。汚物と感じる人もいないでしょう。目から出るからではないはずです。同じ目から出るものでも、目ヤニは汚物とみなされます。

「涙は脳から出る体液」と称したのは医聖ヒポクラテスですが、この体液は、人を不愉快にするどころか、しばしば人の心を打ちます。涙の一滴が人の感動を誘《さそ》い、新たな涙を呼びます。

ところが、最近は涙を流す機会が減っているように思います。

涙には、外から目に入ってくる異物を流し去ったり、バイ菌を殺したり、角膜《かくまく》に栄養を運んだりするはたらきがありますが、昨今《さっこん》、涙が出にくくなって、目の表面が傷ついてしまうドライアイという症状が問題になっています。

昔の映画の宣伝文句に、「三倍泣けます」とか「ハンカチを二枚用意してください」などといったキャッチフレーズがありましたが、いまはそういうことを強調する宣伝文句もほとんど見受けられません。

最近の日本人は泣かなくなったと言われますが、これは、感動が少なくなったことと関係があるような気がします。

人が涙を流すのは、すごく悲しいとき、苦痛のとき、感動したときなどですが、いずれも、感情がとても高揚《こうよう》したときです。感きわまると、目を保護する役割とは関係なく、なぜか涙が出てきますが、生理的に言えば、涙を出すときにも、副交感神経が緊張して遺伝子がはたらいているはずです。

そして、ここからも、心のはたらきが遺伝子にいかに影響をおよぼしているかがわかります。

感動で涙をこぼすと、人はよい気持ちになります。たとえ悲しいときでも、ワンワン泣いたあとは気持ちがさっぱりします。痛いときに泣くと、その間は痛みがやわらぐような気がします。これはよい遺伝子がONになったことを意味します。

高齢者に長寿《ちょうじゅ》の秘訣《ひけつ》を聞くと、その条件の一つとして「感動すること」をあげる人が少なくありません。

年齢のわりに若々しく見えるのは、感情豊かで、いろいろなことに素直に感動するタイプです。

感動には長寿を呼び、若さを保つ効果があって、こういうことにも遺伝子のはたらきが関係しているはずです。

感動という心のはたらきがどのようにして生まれるのか、詳《くわ》しいことはわかりません。しかし、感動して涙を流すとき、人の心は間違いなく洗われています。

こう考えてくると、涙にはなにか聖なるものが宿っているようにも思われてきます。

超ミクロの世界から人間を見ると

私は生命科学の現場に四十年近くいますが、研究を長くやっていればいるほど、生命の本質は、人間の理性や知性だけではとうてい説明ができるものではないということを感じるようになりました。

ヒトの遺伝情報を読んでいて、不思議な気持ちにさせられることが少なくありません。

これだけ精巧《せいこう》な生命の設計図を、いったい誰がどのようにして書いたのでしょうか。なんの目的もなく自然にできあがったとしたら、これだけ意味のある情報にはなりえないと思います。

万巻《まんがん》の書物に匹敵《ひってき》する膨大《ぼうだい》な遺伝情報を、極微《ごくび》な空間に書きこみ、しかも、それを正確に一刻《いっこく》の休みもなく作動《さどう》させている遺伝子は、人間の理性や知性をはるかに超えたもののはたらきによって誕生した、まさに奇跡としか表現のしようがないものです。

そこに、人知《じんち》を超えたものの存在を想定しないわけにはいきません。神でも仏《ほとけ》でもなんでもいいのですが、そういう存在を私は「偉大なる何者か」という意味で、「サムシング・グレート」と呼んできました。

以前、ラッセル・L・シュワイカートという宇宙飛行士に会って、いろいろな話を聞かせていただいたことがあります。

「宇宙空間から地球を見ていると、地球はただ美しいだけではなく、まさに生きていると感じられます。そのとき、自分は地球の生命とつながっているんだなと感じました。地球のおかげで生かされていると思ったのです。それは、言葉では言いつくせないほどの感動的な一瞬でした」

地球が生きているということを、私たちは言葉のうえでは知っていますが、日常生活の中ではなかなか実感できるものではありません。彼も遠く離れた宇宙空間に出てはじめて、それを肌で感じたわけです。

彼は地球を離れるというマクロの視点から感じたのですが、私の場合は、遺伝子という超ミクロの世界に降り立って、シュワイカート氏と同じ感動を味わうことができたのです。

遺伝子の世界は、踏みこめば踏みこむほど、すごいものだと感じてしまいます。私たちの肉眼では見えない小さな細胞の核という部分におさめられている遺伝子には、たった四つの分子の文字の組みあわせであらわされる三十億もの膨大な情報が書かれていま す。その文字もAとT、CとGが、きれいに対《つい》をなしています。そして、ほかでもない、この情報によって私たちは生かされているのです。

もちろん、人間だけではありません。地球上に存在するあらゆる生き物、カビなどの微生物から植物、動物にいたるまで、少なく見積もっても二百万種、多く見積もると二千万種と言われていますが、これらすべてが同じ遺伝子暗号によって生かされているのです。

こんなことがあるものか……と思いますが、しかし、現実にあるのですから、否定のしようがありません。

こうした奇跡的な現実を前にしたら、どうしてもサムシング・グレートのような存在を想定しないわけにはいかなくなります。

サムシング・グレートとは、具体的なかたちを提示して、断言できるような存在ではありません。大自然の偉大な力とも言えますが、ある人は神と言い、ある人は仏と言うかもしれません。どのように思われても、それは自由です。

ただ、私たち生命体の大本《おおもと》にはなにか不思議な力がはたらいていて、それが私たちを生かしている、私たちはそういうものによって生かされているという気持ちを忘れてはいけないと思います。

私たちがいくら気力をふりしぼってみても、遺伝子のはたらきが停止すれば、一分一秒たりとも生きてはいられません。その私たちが百年前後も生きられるのは、大自然から、はかり知れない贈り物をいただいているからなのです。

生命はゼロからつくれない

いま科学者は生命について、いろいろなことを知るようになりました。クローン人間の存在も取り沙汰《ざた》されています。

しかし、それでももっとも単純な、わずか細胞一個の生命体である大腸菌の一つすら、もとからつくることはできません。ノーベル賞学者が束《たば》になってかかっても、世界中の富をかき集めても、これだけ科学が進歩しても、たった一つの大腸菌すらつくれないのです。

つまり、人間は生命をゼロからつくることはできないのです。クローンはあくまでもクローン、コピーにすぎません。

だとすれば、大腸菌の六十兆倍という数の細胞からなる一人の人間の値打ちは、世界中の富、世界中の英知をはるかに上まわるということが言えるでしょう。私たちはサムシング・

グレートから、それだけすごい贈り物をいただいているのです。

これだけのものをタダでもらいながら、そのことに感謝しているかというと、人はあまり感謝していない。感謝どころか、不平や不満ばかりを口にしています。これはたいへんな間違いではないでしょうか。

まして、これだけ精巧な人間という生命をいただいてこの世に生まれながら、自殺によってみずから生命を絶《た》ってしまうなど、とんでもない思いあがった行為ではないかと思います。

前述したように、地球上の生物が等しく同じ遺伝暗号をもっているということは、私たちの生命が、もとをさかのぼると、たった一つの生命体からはじまった可能性が強い。私たちには親がいますが、親にも親がいて、そのまた親にも親がいます。このようにたどっていけば、その先に「生命の親」ともいうべき存在に到達するのではないでしょうか。

それは目に見えるかたちでの確認はできませんが、生命の連続性からいって、存在することは間違いありません。

そういう大きな存在によって、私たちは生かされているという事実を、まずしっかり見つめることが大切ではないでしょうか。

研究の現場で遺伝子とつきあううちに、私はそういうことを少しずつ理解できるようになりました。

わくわくする生き方をするには

サムシング・グレートは、私の理性だけではまだよくわからない存在です。しかし、遺伝子からくる生命の連続性から逆算すれば、それは私たちの生命のもとの親のようなものです。そうだとすれば、少々できの悪い息子が、少しは誰かの役に立とうと一生懸命に努力している姿を見て喜ばないはずがないでしょう。

こんなとくに目立った存在でもなかった私が、まがりなりにも「世界初」というような業績を達成することができたのは、サムシング・グレートが喜んだついでにご褒美《ほうび》もくれたのではないかと思っています。

そう思うようになってから、本書でもいくつか紹介したように、私は不思議な体験を何度もします。それは、天が味方についてくれたのではないかと思わざるをえないほどの僥倖《ぎょうこう》です。

よい遺伝子をONにする生き方ができれば、私たちはふつうにもっている以上の力が出せるということを、私は研究の現場で経験的に知りえたのです。

もちろん、人生にはいろいろなことがあって、それがまたおもしろいのですが、志《こころざし》をいくら高くもっても、現実にそうはいかない場合も出てきます。そういうとき、どうしたらいきいき、わくわくした生き方ができるのか。その一つは、感謝する気持ちをもつことだと思います。

人間は、もっとも単純な生命をつくることもできません。したがって、私たちがもっている生命は、大自然からの贈り物、ないしは借り物と言えるのではないでしょうか。そのことに思いをいたせば、粗末《そまつ》になんかできるはずがありません。

毎日毎日、無事で生きていることだけでも、たいへんにありがたいことなのです。

こうした感謝の気持ちを抱けば、プラスの遺伝子のスイッチが入って、人生もおのずとプラスに転じてくるでしょう。

いまここに生きることの価値

遺伝子の世界を見ていると、私たちが生きて存在していること自体が、驚異的《きょういてき》なことに思われてきます。

私たちは約六十兆の細胞の集合体です。細胞が集まって高度な秩序をもつ器官や臓器《ぞうき》をかたちづくっています。

たとえば腎臓《じんぞう》の一個の細胞を見ると、腎臓の役割をはたすためだけの遺伝子がONになっているとと同時に、腎臓という臓器の一部を形成し、さらにほかの細胞と協力して、腎臓という臓器全体を成り立たせています。

これは、会社勤めのサラリーマンのようなもので、一人の社員は会社の営《いとな》みの一部分を担《にな》っていますが、会社に隷属《れいぞく》しきっているわけではありません。彼には個人的な生活もあります。

細胞も同様で、腎臓の細胞でありながら、それ自身に個性があり、臓器の中で自主的、選択的にはたらいているのです。これは部分である細胞が、全体としての性質もそなえていることを意味します。

これらのことは、細胞と臓器の関係だけでなく、人間と社会、人間と地球、ひいては人間と宇宙との関係についても言えるのではないでしょうか。私たち人間は、一人の人間でありながら、全体としては宇宙の一部でもあるということです。

そう考えると、いまここに生きていられるだけでも価値のある、ありがたいものだと思われてきます。

中にはそう思わない人もいるかもしれませんが、そう思ったほうが楽しいじゃないですか。そして、感謝して生きるとは、そう思って生きることにほかならないのです。

この世で生きているだけでも、私たちはサムシング・グレートに感謝していいのではないでしょうか。

そうすれば、とりたててたいしたことが起こらなくても、毎日、喜んだり、感謝したりすることができるのではないでしょうか。

村上和雄

1936年、奈良県に生まれる。京都大学大学院博士課程を修了。米国オレゴン医科大学研究員、米国バンダービルト大学医学部助教授を経て、1978年、筑波大学応用生物化学系教授となり、遺伝子の研究に取り組む。高血圧の黒幕である酵素「レニン」の遺伝子解読に成功、世界的に脚光をあびる。1996年、日本学士院賞を受賞。筑波大学名誉教授。国際科学振興財団バイオ研究所所長。

著書には『生命《いのち》の暗号』『生命《いのち》の暗号②』『人生の暗号』『サムシング・グレート』(以上、サンマーク出版)などがある。

講談社＋α新書 167-1 C

生命《いのち》のバカ力《ぢから》
人の遺伝子は97%眠っている

村《むら》上《かみ》和《かず》雄《お》

2003年7月20日第1刷発行
2004年1月20日第8刷発行

発行者―――― 野間佐和子
発行所―――― 株式会社 講談社
東京都文京区音羽2-12-21 〒112-8001
電話 出版部(03)5395-3532
販売部(03)5395-5817
業務部(03)5395-3615

装画―――― 渡辺美智雄
デザイン―――― 鈴木成一デザイン室
カバー印刷―――― 共同印刷株式会社
印刷―――― 慶昌堂印刷株式会社
製本―――― 株式会社国宝社

落丁本・乱丁本は購入書店名を明記のうえ、小社書籍業務部あてにお送りください。

送料は小社負担にてお取り替えします。

なお、この本の内容についてのお問い合わせは生活文化第四出版部あてにお願いいたします。

Printed in Japan ISBN4-06-272203-8 定価はカバーに表示してあります。

講談社＋α新書

表示価格はすべて本体価格（税別）です。本体価格は変更することがあります